AI绘画全面精通

全面精通

软件平台 + 脚本文案 + 设计制作 + 案例实战

郭珍珍◎编著

清华大学出版社

北京

内 容 简 介

本书汇集了抖音、快手、B站、小红书中的AI绘画火爆案例，从两条主线，帮助读者全面精通AI绘画。

第一条是纵向技能线，通过90多个素材效果呈现、100多分钟教学视频、160多个实用内容和600多张精美插图，介绍AI绘画的核心技法，如文案生成、内容输入、参数设置、一键换脸以及图片生成和调整等。

第二条是横向案例线，通过10章专题内容，对 AI绘画火爆的原因，特别是AI文案的创作、AI绘画的创作、人像绘画实战案例、艺术绘画实战案例、游戏设计实战案例和电商广告实战案例等，进行了深入讲解，用户学习后可以融会贯通、举一反三，轻松绘制出自己满意的AI绘画作品。

本书图片精美丰富，讲解深入浅出，实战性强，适合以下人群阅读：一是绘画爱好者和人工智能AI绘画领域的相关从业人群；二是文案师、插画师、设计师、摄影师、漫画家、电商商家、短视频编导、艺术工作者等人群；三是美术、设计、计算机科学与技术等专业的学生。

图书在版编目(CIP)数据

AI绘画全面精通：软件平台+脚本文案+设计制作+案例实战 / 郭珍珍编著. —北京：清华大学出版社，2024.1

ISBN 978-7-302-65028-7

Ⅰ.①A… Ⅱ.①郭… Ⅲ.①图像处理软件 Ⅳ.①TP391.413

中国国家版本馆CIP数据核字（2024）第000747号

责任编辑： 韩宜波
封面设计： 杨玉兰
责任校对： 周剑云
责任印制： 沈　露
出版发行： 清华大学出版社
　　　　　　网　　　址：https://www.tup.com.cn，https://www.wqxuetang.com
　　　　　　地　　　址：北京清华大学学研大厦A座　　　　　　邮　　编：100084
　　　　　　社 总 机：010-83470000　　　　　　　　　　邮　　购：010-62786544
　　　　　　投稿与读者服务：010-62776969，c-service@tup.tsinghua.edu.cn
　　　　　　质量反馈：010-62772015，zhiliang@tup.tsinghua.edu.cn
印 装 者： 北京嘉实印刷有限公司
经　　销： 全国新华书店
开　　本： 190mm×260mm　　**印　张：** 12.75　　**插　页：** 4　　**字　数：** 307千字
版　　次： 2024年2月第1版　　**印　次：** 2024年2月第1次印刷
定　　价： 99.00 元

产品编号：102818-01

前言

PREFACE

这是一本帮助初学者全面自学 AI 绘画的实用教程。全书从实用角度出发，对 AI 绘画的基础知识、平台、操作技巧和实战案例等内容进行了详细阐释，帮助读者全面精通 AI 绘画。

从具体内容来看，本书通过 5W 5H，由浅到深、层层递进且全面地为大家讲解了 AI 绘画的相关知识，助力大家从小白成为 AI 绘画高手。本书注重让读者可以真正将书本知识转化为实用技能，就像党的二十大会议精神所提到的："要牢记空谈误国、实干兴邦，坚定信心、同心同德，埋头苦干、奋勇前进。"比如，对于运镜这一实操性极强的知识，最终都是需要用于实践之中的。

什么是 5W 5H？

5W 主要讲解的是 AI 绘画的一些基础要点，它们分别是：

What：AI 绘画的基础知识

Why：AI 绘画为什么火爆

Where：文案创作平台哪里能找到

What：AI 绘画使用哪些软件来绘制

Word：运用 ChatGPT 生成文案

5H 则是用 5 个"How"来讲具体应用：

How：运用 Midjourney 进行创作

How：人像绘画实战案例

How：艺术绘画实战案例

How：游戏设计实战案例

How：电商广告实战案例

本书的内容极为全面，且遵循学习规律。在介绍 AI 绘画的同时，还精心安排了 60 个具有针对性的实例，帮助读者轻松掌握相关软件的具体应用和使用技巧，以做到学用结合。并且，全部实例都配有视频教学录像，详细演示案例制作过程，让读者一看就懂、一学就会，轻松掌握各种实操技巧。

本书特色

1. 50 多个关键词奉送：为了方便读者快速生成相关的文案和 AI 绘画，特将本书实例中用到的关键词进行了整理，统一奉送给大家。大家可以直接使用这些关键词，快速生成与本书内容相似的效果。

2. 60 个技能实例奉献：本书通过技能实例来演示软件操作，包括 ChatGPT 的使用技巧、Midjourney 的使用技巧、人像绘画的技巧、艺术绘画的技巧、游戏设计的技巧和电商广告的制作技巧等内容，帮助读者从入门到精通，让学习更高效。

3. 100 多分钟的视频演示：本书中的软件操作技能实例，全部录制了带语音讲解的视频，时间长度达 100 多分钟，读者可以结合书本，也可以单独观看视频演示，像看电影一样进行学习，让学习更加轻松。

4. 90 多个素材效果奉献：随书附送的资源中包含 10 多个素材文件，近 80 个效果文件。其中的素材涉及人像绘画、艺术绘画、游戏设计和电商广告等多种行业，应有尽有，帮助读者快速提升 AI 绘画的操作水平。

5. 600 多张图片全程图解：本书采用 600 多张图片对软件技术、实例效果，进行了全程式的图解，通过这些大量清晰的图片，让实例操作变得更通俗易懂，读者可以对知识讲解和技能应用一目了然，快速领会，举一反三，制作出更多精彩的 AI 绘画作品。

特别提示

本书在编写时，是基于当时的 AI 工具、ChatGPT 和 Midjourney 的界面截取的实际操作图片，但图书从编辑到出版需要一段时间，在此期间，这些工具的功能和界面可能会有变动，请在阅读时，根据书中的思路，举一反三，进行学习。

另外，还需要注意的是，即使是相同的关键词，ChatGPT 和 Midjourney 每次生成的文案和图片也会有差别，因此在扫码观看教程时，读者应把更多的精力放在关键词的编写和实操步骤上。

本书附送的资源文件中涉及的图片、模板、音频及视频等素材，均为所属公司、网站或个人所有，本书引用仅为说明（教学）之用，绝无侵权之意，特此声明。

关键词、视频、素材及效果

本书售后

本书由郭珍珍编著，参与本书编写的人员还有高彪，提供视频素材和拍摄帮助的人员有向小红、邓陆英、苏苏等人，在此一并表示感谢。由于作者知识水平有限，书中难免有疏漏之处，恳请广大读者批评、指正。

编　者

目 录
CONTENTS

第1章

What: AI 绘画的基础知识

章前知识导读

AI 绘画通过计算机算法可以在短时间内迅速完成绘画，可以帮助文案工作者节约大量的时间和精力。本章主要介绍 AI 绘画的基础知识，帮助大家快速了解 AI 绘画。

新手重点索引

- 快速认识 AI 绘画
- AI 绘画的技术运用
- AI 绘画的未来展望

- AI 绘画的基本特点
- AI 绘画的发展趋势
- 关于 AI 绘画的讨论和争议

效果图片欣赏

▶ 1.1 ◀ 快速认识 AI 绘画

人工智能（Artificial Intelligence，AI）绘画是指利用人工智能技术（如神经网络、深度学习等）进行绘画创作的过程，它是由一系列算法设计出来的，通过训练和输入数据，进行图像生成与编辑的过程。使用 AI 技术，可以将人工智能应用到艺术创作中，让 AI 程序去完成艺术的绘制部分。通过这项技术，计算机可以学习艺术风格和绘图技法，并使用这些知识来创造全新的艺术作品。本节就来为大家介绍 AI 绘画的一些基础知识。

1.1.1 什么是 AI 绘画

AI 绘画是指人工智能绘画，是一种新型的绘画方式。人工智能通过学习人类艺术家创作的作品，并对其进行分类与识别，然后生成新的图像。只需要输入简单的指令，就可以让 AI 自动化地生成各种类型的图像，从而创造出具有艺术美感的绘画作品，如图 1-1 所示。

图 1-1　AI 绘画效果

AI 绘画主要分为两步，第一步是对图像进行分析与判断；第二步是对图像进行处理和还原。人工智能已经达到只需输入简单易懂的文字，就可以在短时间内得到一张效果不错的画面，甚至能根据使用者的要求来对画面进行调整，如图 1-2 所示。

图 1-2　调整前后的画面

1.1.2 AI 绘画有什么意义

AI 绘画的意义在于它不仅改变了艺术创作的方式，而且也能够让更多的人享受到艺术的美好。与传统的绘画创作不同，AI 绘画的过程和结果依赖于计算机技术和算法，它可以为人们带来全新的艺术体验。传统的艺术家创作需要投入大量的时间和精力，而 AI 绘画则可以迅速地生成大量的艺术品，并且这些作品有可能超越传统的艺术形式，创造出全新的视觉效果和审美体验。

另外，AI 绘画也能够推动传统艺术的发展。例如，它可以在古代艺术品的修复和重建中发挥作用，通过深度学习等技术还原失传的艺术品，使人们能够更好地了解历史文化，并保护和传承文化遗产。

此外，AI 绘画还可以为文学作品和电影等艺术形式提供插画和动画制作，使得它们更加生动和有趣。图 1-3 所示为使用 AI 绘画技术绘制的动漫人物。因此，AI 绘画对于文化艺术的发展与保护也具有重要的意义。

图 1-4　AI 绘画绘制的精美图片

图 1-3　使用 AI 绘画技术绘制动漫人物

1.1.3　如何正确看待 AI 绘画

近年来，AI 绘画变得越来越流行，通过使用先进的算法，AI 绘画能够快速创作出精美的图片，如图 1-4 所示。

虽然这些作品看起来像是人类艺术家创作的，但有些作品仍然存在瑕疵。有的人物的手部不仅多了一根手指，而且手指的形状也不对，如图 1-5 所示。不过随着 AI 绘画技术的不断进步，其创作能力也会不断提升。

图 1-5　AI 绘画绘制的人物的手部存在问题

AI 绘画的便利与高效是毋庸置疑的，它可以为我们带来更多的艺术体验。未来随着技术的不断发展，AI 绘画将成为人们生活中不可或缺的一部分。

AI 绘画创作的作品更像是一种流水线产物，只是这条流水线有着很多的分支和不同走向，让人们误以为这是其独特性的表现。

人工智能本质上依然是工业产品，通过输入关键信息来搜索和选择使用者需要的结果，用最快的方式和最低的成本从庞大的数据库中找出匹配度相对较高的资源创作出新的图画。所以，AI 绘画只是降低了重复学习的成本，所创作出来的作品与真正的艺术还有着较大的差别。

> **1.2**　**AI 绘画的基本特点**

近年来，人工智能技术的发展改变了人们的生活方式和生产方式。在绘画领域，人工智能技术也被广泛应用，促进了绘画技术的快速发展。相较于传统绘画技术，AI 绘画具有许多独有的特点，如快速高效、高度逼真和可定制性强等，这些特点不仅提高了绘画的质量和效率，还为绘画师带来了全新的体验。

1.2.1　快速高效

利用人工智能技术，AI 绘画的大部分工作都可以自动进行，从而提高了出片效率。同时，对于一些重复的任务，AI 绘画可以取代人力完成，减少资源浪费，能够节省大量的人力成本和时间成本。

AI 绘画工具主要借助计算机的图形处理器（Graphics Processing Unit，GPU）等硬件加速设备，能够在较短时间内实现机器绘图的功能，并且可以实时预览。例如，使用专用的 AI 绘图工具 Midjourney 生成绘画作品，只需不到一分钟的时间，如图 1-6 所示。

图 1-6　Midjourney 可以快速生成图片

1.2.2　高度逼真

AI 绘画技术是一种通过计算机算法和深度学习模型自动生成图像的方法，它基于大量的数据和强大的算法，能够生成高度逼真的作品，如图 1-7 所示。例如，在图像生成方面，它可以为缺失的部分补全细节，快速生成高清晰度的图像，还可以进行风格转换和图像重构等操作。

图 1-7　高度逼真的 AI 绘画作品
（左图为真实照片，右图为 AI 照片）

1.2.3　可定制性强

AI 绘画技术基于深度学习和神经网络等算法，具有可定制性强的特点，能够通过大量的训练数据来不断优化和改进绘画效果，如图 1-8 所示。

图 1-8　通过 AI 绘画技术优化和改进绘画效果

AI 绘画技术可以适应各种场景和需求，甚至可以根据用户的个性化偏好进行定制，使得绘画作品更加符合用户的期望。AI 绘画技术还可以通过人工智能模拟各种艺术风格和创作规则，从而绘制出新颖、富有创意的绘画作品。

1.2.4　可迭代性强

AI 绘画技术具有可迭代性强的特点，这主要是因为它是基于机器学习算法进行训练和优化的，这种技术可以通过大量数据集的输入和处理来不断学习和提高自己的准确性和工作效率。

随着数据集和算法的不断丰富和完善，AI 绘画技术可以逐步实现更加复杂、高级的任务，如人脸识别、场景还原等。同时，随着硬件设备的升级和优化，AI 绘画技术也能够更好地发挥出自身的潜力，创造出更加优秀的作品，不断满足用户对于高质量影像的需求。

1.2.5　易于保存和传播

得益于数字化技术的发展和普及，AI 绘画技术具有易于保存和传播的特点，通过 AI 生成的数字照片可以轻松地保存在各种媒体上，如电脑本地、云端等，而不需要担心像胶卷照片一样受到湿度、温度等因素的影响而损坏。

例如，使用 AI 绘图工具 Midjourney 生成一张绘画作品之后，可以单击该绘画作品，如图 1-9 所示。

执行上述操作后，在放大的绘画作品中单击鼠标右键，会弹出一个快捷菜单，如图 1-10 所示。我们可以通过选择快捷菜单中的对应命令，对绘画作品进行复制、另存为等操作，将绘画作品保存至对应的位置。

同时，数字化照片也方便了人们进行社交分享，如通过社交媒体、邮件等方式与他人分享自己的作品。另外，AI 技术还可以使照片更容易被搜索和分类，如利用图像识别技术对照片中的内容进行分析和标记，从而方便用户根据关键字或标签查找和浏览自己所需要的照片。

图 1-9　单击生成的绘画作品

图 1-10　弹出一个快捷菜单

1.3　AI 绘画的技术运用

前面简单介绍了 AI 绘画的技术特点，本节将深入探讨 AI 绘画的技术原理，帮助大家进一步了解 AI 绘画，这有助于大家更好地理解 AI 绘画是如何实现绘画创作的，以及如何通过不断的学习和优化来提高绘画质量。

1.3.1　图像分割技术

图像分割是将一张图像划分为多个不同区域的过程，每个区域具有相似的像素值或者是语义信息。图像分割在计算机视觉领域有广泛的应用，如目标检测、自动着色、图像语义分割、医学影像分析、图像重构等。图像分割的方法可分为如图 1-11 所示的几类。

图像分割
的方法

> 基于阈值的分割方法：根据像素值的阈值将图像分为不同的区域

> 基于边缘的分割方法：通过检测图像中的边缘来划分图像区域

> 基于区域的分割方法：将图像分为不同的区域，并在区域内进行像素值或语义信息的聚合

> 基于深度学习的分割方法：利用深度学习模型（如CNN），从大量标注数据中学习图像分割任务

图 1-11　图像分割的方法

在实际应用中，基于深度学习的分割方法往往表现出较好的效果，尤其是在语义分割等高级任务中。同时，对于特定领域的图像分割，如医学影像分割，还需要结合领域知识和专业的算法来实现更好的效果。

1.3.2　图像增强技术

图像增强是指对图像进行增强操作，使其更加清晰、明亮，色彩更鲜艳或更加易于分析。图像增强可以改善图像的质量，提高图像的可视性和识别性能。图 1-12 所示为常见的图像增强方法。

灰度变换 → 对图像的灰度级进行线性或非线性的变换，以改变图像的对比度和亮度

直方图
均衡化 → 对图像的像素值进行统计分析，通过调整图像像素值的分布来改变图像的对比度和亮度

滤波处理 → 利用各种滤波算法，如高斯滤波、中值滤波等，对图像进行平滑或锐化处理

锐化增强 → 锐化增强是图像卷积处理实现锐化常用的算法，主要通过增强图像的边缘和细节，使图像更加清晰

色彩增强 → 通过对图像的颜色进行调整，使图像更加鲜艳、明亮或适应特定的环境

噪声去除 → 去除图像中的各种噪声，如脉冲噪声、高斯噪声等，以提高图像的清晰度和质量

对比度增强 → 通过增加图像的对比度，改善图像的视觉效果，使得图像中的主体更加突出

图 1-12　常见的图像增强方法

图 1-13 所示为图像色彩进行增强处理后的效果对比。总之，图像增强在计算机视觉、图像处理、医学影像处理等领域都有着广泛的应用，可以帮助改善图像的质量和性能，提高图像处理的效率。

图 1-13　图像色彩增强处理后的效果对比

1.3.3　生成对抗网络技术

AI 绘画的技术原理主要是生成对抗网络（Generative Adversarial Network，GAN），它是一种无监督学习模型，可以模拟人类艺术家的创作过程，从而生成高度逼真的图像效果。

生成对抗网络是一种通过训练两个神经网络来生成逼真图像的算法。其中，一个生成器（Generator）网络用于生成图像；另一个判别器（Discriminator）网络用于判断图像的真伪，并反馈给生成器网络。

生成对抗网络的目标是通过训练两个模型的对抗学习，生成与真实数据相似的数据样本，从而逐渐生成越来越逼真的艺术作品。GAN 模型的训练过程可以简单描述为如图 1-14 所示的几个步骤。

GAN 模型的优点在于能够生成与真实数据非常相似的假数据，同时具有较高的灵活性和可扩展性。GAN 是深度学习中的重要研究方向之一，已经成功应用于图像生成、图像修复、图像超分辨率、图像风格转换等领域。

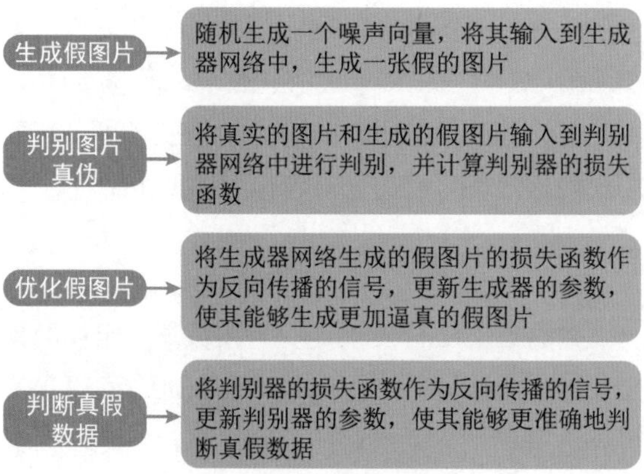

随机生成一个噪声向量，将其输入到生成器网络中，生成一张假的图片 ← 生成假图片

将真实的图片和生成的假图片输入到判别器网络中进行判别，并计算判别器的损失函数 ← 判别图片真伪

将生成器网络生成的假图片的损失函数作为反向传播的信号，更新生成器的参数，使其能够生成更加逼真的假图片 ← 优化假图片

将判别器的损失函数作为反向传播的信号，更新判别器的参数，使其能够更准确地判断真假数据 ← 判断真假数据

图 1-14　GAN 模型的训练过程

1.3.4　卷积神经网络技术

卷积神经网络（Convolutional Neural Networks，CNN）可以对图像进行分类、识别和分割等操作，同时也是实现风格转换和自适应着色的重要技术之一。卷积神经网络在 AI 绘画中起着重要的作用，主要表现在以下几个方面。

（1）图像分类和识别：CNN 可以对图像进行分类和识别，通过对图像进行卷积（Convolution）和池化（Pooling）等操作，提取出图像的特征，最终进行分类或识别。在 AI 绘画中，CNN 可用于对绘画风格进行分类，或对图像中的不同部分进行识别和分割，从而实现自动着色或图像增强等操作。

（2）图像风格转换：CNN 可以通过将两个图像的特征进行匹配，实现将一张图像的风格应用到另一张图像上的操作。在 AI 绘画中，可以通过 CNN 实现将一个艺术家的绘画风格应用到另一个图像上，生成具有特定艺术风格的图

像。图 1-15 所示为应用美国艺术家詹姆士·古尼（James Gurney）的哑光绘画风格绘制的作品，关键词为"史诗哑光绘画，在山上，小桥流水，红叶，白天，秋天，高清图片，哑光绘画，James Gurney"。

图 1-15　哑光绘画艺术风格

（3）图像生成和重构：CNN 可用于生成新的图像，或对图像进行重构。在 AI 绘画中，可以通过 CNN 实现对黑白图像的自动着色，或对图像进行重构和增强，提高图像的质量和清晰度。

（4）图像降噪和杂物去除：在 AI 绘画中，可以通过 CNN 去除图像中的噪点和杂物，从而提高图像的质量和视觉效果。

总之，卷积神经网络作为深度学习中的核心技术之一，在 AI 绘画中具有广泛的应用场景，为 AI 绘画的发展提供了强大的技术支持。

1.4　AI 绘画的发展趋势

目前，AI 绘画已经取得了很大的发展，同时广泛应用到许多领域，如电影、游戏、虚拟现实、教育等。在这些领域，AI 绘画的应用可以大大提高生产效率和艺术创作的质量。那么，随着人工智能技术的快速发展，AI 绘画将会朝哪些方向发展呢？本节将带领大家来探讨 AI 绘画的发展趋势。

1.4.1 技术和算法将会优化

目前，AI 绘画的技术仍然存在一些问题，如生成的图像可能会出现失真、颜色不均、画面错乱等问题，如图 1-16 所示。因此，研究者需要不断地优化算法，提高生成图像的质量和真实感。

图 1-16　AI 绘画作品出现画面错乱问题

当然，AI 绘画的技术是不断创新的，随着深度学习和计算机视觉技术的发展，越来越多的研究者开始探索如何使用这些技术来让计算机自动完成绘画任务。

例如，一些研究者已经成功地开发了基于 GAN 的绘画算法，可以让计算机学习现实世界中的绘画样本，并生成类似于人类绘画的作品，如图 1-17 所示。

图 1-17　类似于人类绘画的作品

此外，一些大型互联网公司也在开发自己的 AI 绘画技术，如 Google（谷歌）的 DeepDream、Adobe 的 Project Scribbler 等，这些技术可以帮助用户轻松地将自己的创意转化为艺术作品。

1.4.2 数据集将会拓展

数据集（Data set）是一种由数据所组成的集合。AI 绘画需要大量的数据集来训练算法，使得算法可以生成高质量的绘画作品，因此数据集的质量和数量对于 AI 绘画的效果有很大的影响。为了提高 AI 绘画的准确性和丰富度，研究者需要不断地拓展数据集，这也是 AI 绘画的发展趋势之一。图 1-18 所示为拓展 AI 绘画数据集的一些方法。

手动收集数据	人工收集大量的图片，并进行分类和标注，从而得到丰富的数据集，以便训练更准确的算法。例如，收集各种主题的绘画作品、照片、插画等
数据增强	对已有的数据集进行数据增强，可以产生更多样化的数据。例如，对图片进行旋转、缩放、翻转、裁剪等操作
迁移学习	将一个模型在一个任务上训练好的特征提取器，应用到另一个任务上，从而减少所需要的数据量。例如，使用训练好的图像分类模型来提取特征，再将这些特征用于绘画任务
利用已有数据集	利用现有的数据集来训练 AI 绘画的算法，从而产生更多样化的绘画作品。例如，使用 Google 的 Open Images、COCO、ImageNet 等图像数据集
合成数据	使用计算机生成的虚拟图像，制作出高品质的数据集，这些数据集可以包含各种特定的主题、背景等，以便训练特定的 AI 绘画算法

图 1-18　AI 绘画数据集拓展的一些方法

数据集的拓展是 AI 绘画技术持续进步的关键因素。未来，随着越来越多的数据被添加到数据集中，AI 绘画模型可以更好地理解图像的结构和特征，从而提高绘画的质量和多样性。

1.4.3　出现新的探索方向

随着 AI 技术的发展，人工智能可以通过学习大量的艺术作品，模仿艺术家的风格，生成全新的艺术作品。图 1-19 所示为 AI 绘画在艺术中的一些探索方向。

合作创作 → AI绘画可以帮助艺术家在创作过程中产生新的想法和灵感。例如，艺术家可以将AI生成的绘画作品作为起点，加以修饰和改进，从而产生新的作品

自我表达 → AI绘画可以帮助艺术家更好地表达自己的思想和情感。例如，艺术家可以使用基于GAN的算法，生成符合自己思想和情感的艺术作品

探索新的风格 → AI绘画可以让艺术家探索不同的艺术风格，从而创作出具有新意的艺术作品。例如，使用基于GAN的算法，可以生成具有不同艺术风格的图像，从而拓展艺术家的创作思路

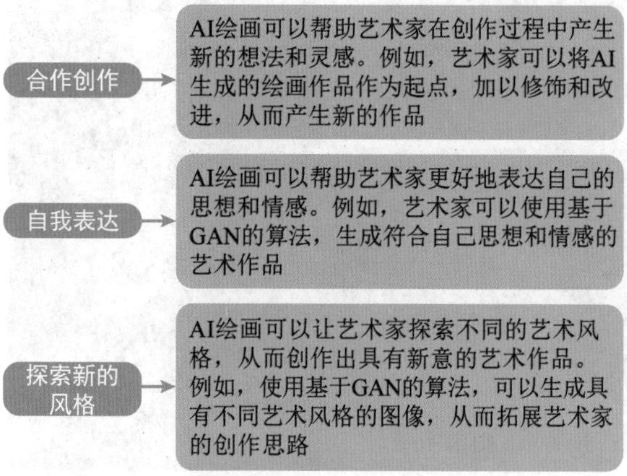

图 1-19　AI 绘画在艺术中的一些探索方向

可以说，AI 绘画技术为艺术家提供了一个新的探索方向，可以帮助他们在创作过程中发掘新的想法和灵感，探索新的艺术风格，更好地表达自己的思想和情感。同时，AI 绘画技术不仅可以帮助艺术家节省时间和精力，而且还可以创造出更具创新性和个性化的作品。

1.4.4　应用场景将会增多

随着人工智能技术的不断发展，AI 绘画的应用场景也会不断拓展，除了游戏、电影、广告和数字艺术，AI 绘画还可应用于设计、建筑、医疗、教育等领域。未来，相信 AI 绘画的应用场景还将不断扩大和深化。

例如，AI 绘画可用于增强虚拟现实的体验感，使用基于 GAN 的算法，根据真实世界的场景生成虚拟现实场景，如图 1-20 所示。

图 1-20　根据真实世界的场景生成虚拟现实场景

1.5　AI 绘画的未来展望

AI 绘画技术在过去几年得到了迅速的发展和应用，未来有望实现更多的突破和应用。总之，AI 绘画技术有着广阔的应用前景和发展空间，未来还有很多有趣和令人期待的方向等待探索和发展。本节就来简单介绍 AI 绘画的一些未来展望。

1.5.1　AI 绘画智能化和多样化

随着人工智能技术的不断发展，AI 绘画将会变得越来越智能化和多样化，AI 模型也将能够生成更加复杂、细腻和逼真的图像，同时也将会具有更加个性化的艺术风格。AI 绘画多样化和智能化的具体表现如下。

1. 多样化

AI 绘画的多样化主要表现在以下几个方面。

（1）风格多样：AI 绘画可以模仿多种不同的艺术风格，如印象派、立体主义、抽象表现主义等，生成具有不同风格的艺术作品。图 1-21 所示为印象派的艺术风格；图 1-22 所示为写实派的艺术风格。

图 1-21　印象派的艺术风格

图 1-22　写实派的艺术风格

（2）类型多样：AI 绘画不仅可以生成绘画作品，还可以生成雕塑、装置艺术、数字艺术等

多种类型的艺术作品。图 1-23 所示为 AI 绘画生成的石雕作品。

图 1-23　AI 绘画生成的雕塑作品

（3）数据集多样：AI 绘画的数据集可以来自不同的来源和领域，如绘画、文学、历史等多种领域，从而丰富了生成图像的内容和特征。

2. 智能化

AI 绘画的智能化主要表现在如图 1-24 所示的几个方面。

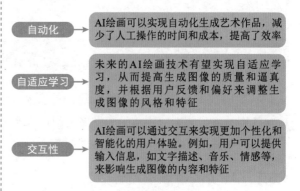

自动化	AI 绘画可以实现自动化生成艺术作品，减少了人工操作的时间和成本，提高了效率
自适应学习	未来的 AI 绘画技术有望实现自适应学习，从而提高生成图像的质量和逼真度，并根据用户反馈和偏好来调整生成图像的风格和特征
交互性	AI 绘画可以通过交互来实现更加个性化和智能化的用户体验。例如，用户可以提供输入信息，如文字描述、音乐、情感等，来影响生成图像的内容和特征

图 1-24　AI 绘画的智能化表现

AI 绘画的多样化和智能化为其应用带来了更多的可能性和灵活性，同时也能够更好地满足不同用户的需求和偏好。

1.5.2　提供更多的人机交互方式

未来，人机交互将会成为 AI 绘画的一个重要发展方向。通过与用户的交互，AI 模型可以根据用户的意愿生成图像，从而实现更加个性化的艺术创作功能。

AI 绘画的人机交互是指人与 AI 绘画技术之间的相互作用和合作，可以是人类艺术家与 AI 绘画算法的合作，也可以是用户与 AI 绘画应用程序的交互。人机交互可以帮助用户更好地控制和影响生成图像的内容和特征，从而实现更加个性化和多样化的艺术作品。图 1-25 所示为一些 AI 绘画的人机交互方式。

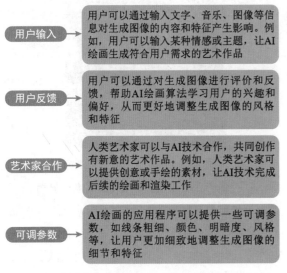

用户输入　用户可以通过输入文字、音乐、图像等信息对生成图像的内容和特征产生影响。例如，用户可以输入某种情感或主题，让AI绘画生成符合用户需求的艺术作品

用户反馈　用户可以通过对生成图像进行评价和反馈，帮助AI绘画算法学习用户的兴趣和偏好，从而更好地调整生成图像的风格和特征

艺术家合作　人类艺术家可以与AI技术合作，共同创作有新意的艺术作品。例如，人类艺术家可以提供创意或手绘的素材，让AI技术完成后续的绘画和渲染工作

可调参数　AI绘画的应用程序可以提供一些可调参数，如线条粗细、颜色、明暗度、风格等，让用户更加细致地调整生成图像的细节和特征

图 1-25　AI 绘画的人机交互方式

AI 绘画的人机交互方式为我们带来了更加广阔的艺术想象空间和更加高效的创作方式。从人工智能辅助绘画到全自动生成艺术作品，人机交互这一领域的不断发展和进步，必将在未来的艺术创作中扮演越来越重要的角色。

1.5.3　实现艺术与科技的充分融合

未来，人们可以期待看到更多具有科技元素的艺术作品，从而推动数字艺术的发展。AI 绘画

的发展将会进一步推动艺术与科技的融合，两者相互融合的意义如下。

● 艺术是人类文化的重要组成部分，其表现形式多种多样，包括绘画、书法、雕塑、音乐、舞蹈和摄影等，是人类情感、思想和审美的典型表达方式。图 1-26 所示为利用 AI 创作的摄影作品。

图 1-26　利用 AI 创作的摄影作品

● 科技则是现代社会的推动力之一，其不断发展和创新，给人类社会的生产、生活和文化带来了巨大的改变和影响。

在 AI 绘画中，艺术和科技的融合主要表现在如图 1-27 所示的几个方面。

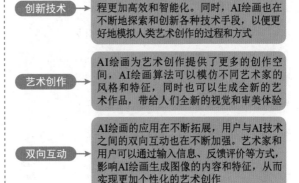

创新技术　AI绘画借助机器学习、计算机视觉、自然语言处理等先进技术，使得艺术创作的过程更加高效和智能化。同时，AI绘画也在不断地探索和创新各种技术手段，以便更好地模拟人类艺术创作的过程和方式

艺术创作　AI绘画为艺术创作提供了更多的创作空间，AI绘画算法可以模仿不同艺术家的风格和特征，同时也可以生成全新的艺术作品，带给人们全新的视觉和审美体验

双向互动　AI绘画的应用在不断拓展，用户与AI技术之间的双向互动也在不断加强。艺术家和用户可以通过输入信息、反馈评价等方式，影响AI绘画生成图像的内容和特征，从而实现更加个性化的艺术创作

图 1-27　AI 绘画中艺术和科技的融合表现

AI 绘画通过将艺术与科技进行充分融合，使得艺术创作更加高效和多样化，同时也为科技的发展带来了更多的艺术与人文关怀。同时，这种融合将进一步推动艺术和科技两个领域的交流与合作。

1.6　关于 AI 绘画的讨论和争议

随着人工智能技术的不断发展，AI 绘画逐渐进入大众的视野，成为饱受关注的话题。然而，尽管 AI 绘画在技术上取得了一定的突破，但它仍然备受争议，甚至被一部分人抵制。本节就来简单介绍关于 AI 绘画的一些讨论和争议。

1.6.1　AI 绘画是创作还是窃取

AI 绘图技术，就是让人工智能深度学习人类艺术家的作品，吸收大量的数据与知识，依赖于计算机技术和算法所产生的绘画创作方式。而在学习的过程中，如何保证 AI 所学习到的知识内容合法或不侵权，成为备受争议的一点。

大部分艺术家需要耗费数天甚至数月才能绘制出的艺术作品，AI 在短短几秒钟就能完成，这两者的创作效率是无法比拟的。

有些人认为，使用 AI 绘画技术创作的作品是拼接了他人的成果，是窃取行为。而另一些人认为，使用 AI 绘画技术仍然需要设计并调整 AI 的参数，才能达到最终的图画效果，这样的作品也可以算是创作。

尽管 AI 在创作过程中扮演了重要的角色，但设计 AI 的参数，审查作品最终的质量并进行修改等，这些也都是创作的一部分，因此使用 AI 绘画可以算是创作。

1.6.2　AI 绘画是不是原创艺术

在艺术领域方面，原创性通常被理解为艺术家通过个人独特的思考和创作过程，将新颖的观点、情感和形式表现出来。这种原创性往往体现在艺术家的个人特质和独特风格上。

然而，AI 绘画作品的创作过程与人类艺术家有着本质的区别。AI 只能从现有的数据库中进行学习，无法解释其生成内容的逻辑，它们更像是对现有艺术作品的一种再现和组合，而非真正意义上的原创。图 1-28 所示为 AI 根据梵高的《星空》绘制的一张图，可以看到该图和原作还是有一些差别的。

图 1-28　AI 根据梵高的《星空》绘制的一张图

AI 绘画作品与传统绘画作品相比有显著的不同。因此，将 AI 绘画作品称为原创的艺术作品可能并不恰当，但这并不意味着 AI 绘画作品一文不值。事实上，AI 绘画作品为我们提供了一种全新的艺术表现方式，打破了我们对艺术、创作和作者身份的传统认知。

1.6.3　AI 绘画涉及的法律与伦理问题

AI 绘画也会涉及一些法律和伦理问题，如版权问题、个人隐私等。因此，AI 绘画的发展需要在法律和伦理框架下进行。AI 绘画的法律和伦理问题主要包括以下几个方面。

（1）版权问题：由于 AI 绘画技术可以模仿不同艺术家的风格和特征，因此生成的一些作品可能会侵犯原创作品的版权，也可能涉及使用未经授权的图片和素材等问题。

（2）道德问题：AI 生成的一些作品可能存在较为敏感和争议的内容，例如涉及种族、性别、政治以及宗教等问题，这就需要考虑作品的道德和社会责任问题。

（3）隐私问题：AI 绘画技术需要使用大量的数据集进行训练，这可能涉及用户的隐私问题，因此需要保护用户的隐私和数据安全。

AI 绘画领域涉及的法律与伦理问题，是该领域长期发展过程中需要认真面对和解决的难题。只有在合理、透明、公正的监管和规范下，AI 绘画才能真正发挥其创造性和艺术性，同时避免不必要的风险和纠纷。

1.6.4　AI 绘画能否创作艺术作品

AI 绘画创作出的作品更像是一种流水线的产物，只是这条流水线有着很多的分支和不同走向，让人们误以为这是其独特性的表现。

但人工智能本质上依然是工业产品，通过输入关键信息来搜索和选择需要的结果，用最快的方式和最低的成本从庞大的数据库中找出匹配度相对较高的资源，创作出新的图画，如图 1-29 所示。总的来说，AI 作画只是利用人工智能技术来提高绘画的效率，它所创作的绘画作品与传统的艺术作品还是有很大区别的。

图 1-29　用 AI 绘画技术绘制图画

1.6.5　AI 绘画与传统绘画的区别

AI 绘画通过算法来根据使用者输入的关键词生成图像，虽然表面上看起来跟传统绘画作品没有区别，但是 AI 绘画使用的是计算机程序和算法来模拟绘画过程，而传统的手工绘画则依赖于人的创造力和想象力。下面介绍两者的特点，以及它们之间的差异，如图 1-30 所示。

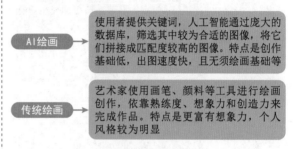

AI 绘画 → 使用者提供关键词，人工智能通过庞大的数据库，筛选其中较为合适的图像，将它们拼接成匹配度较高的图像。特点是创作基础低，出图速度快，且无须绘画基础等

传统绘画 → 艺术家使用画笔、颜料等工具进行绘画创作，依靠熟练度、想象力和创造力来完成作品。特点是更富有想象力，个人风格较为明显

图 1-30　AI 绘画和传统绘画的特点

AI 绘画虽然能在短时间内出图，大大提高效率，但是在一些复杂的绘画任务上，例如描绘人物的表情、神态和情感等方面，AI 绘画的表现力还有所欠缺。

其次，人类艺术家的个人风格是 AI 难以模拟出来的，每一个艺术家都有自己独特的艺术风格和创作思路，这些都是需要日积月累的学习和练习才能获得的，而 AI 绘画通过数据库模拟和拼凑现有的数据样本，缺乏独特性和创意性。

1.6.6　AI 绘画的利弊问题

与传统的绘画创作不同，AI 绘画的过程和结果都依赖于计算机技术和算法，它可以为艺术家和设计师带来更高效、更精准以及更有创意的绘画创作体验。

AI 绘画虽然降低了门槛，提高了效率，但同时也存在着一些弊端。图 1-31 所示列出了 AI 绘画的优势；图 1-32 所示列出了 AI 绘画的弊端。

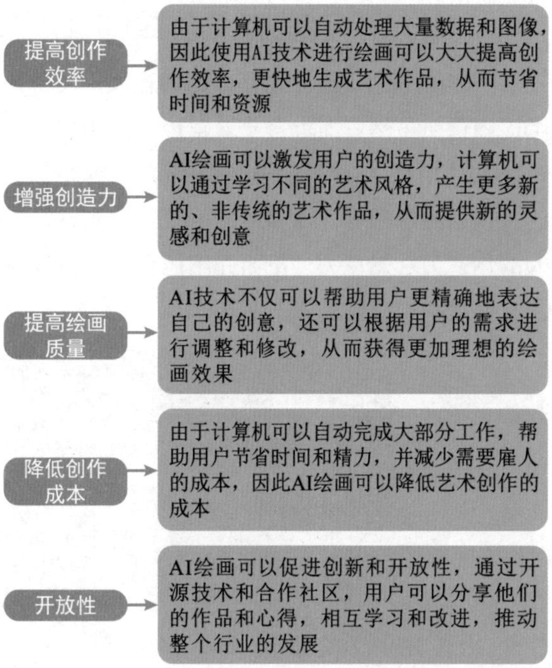

提高创作效率
由于计算机可以自动处理大量数据和图像，因此使用AI技术进行绘画可以大大提高创作效率，更快地生成艺术作品，从而节省时间和资源

增强创造力
AI绘画可以激发用户的创造力，计算机可以通过学习不同的艺术风格，产生更多新的、非传统的艺术作品，从而提供新的灵感和创意

提高绘画质量
AI技术不仅可以帮助用户更精确地表达自己的创意，还可以根据用户的需求进行调整和修改，从而获得更加理想的绘画效果

降低创作成本
由于计算机可以自动完成大部分工作，帮助用户节省时间和精力，并减少需要雇人的成本，因此AI绘画可以降低艺术创作的成本

开放性
AI绘画可以促进创新和开放性，通过开源技术和合作社区，用户可以分享他们的作品和心得，相互学习和改进，推动整个行业的发展

图 1-31　AI 绘画的优势

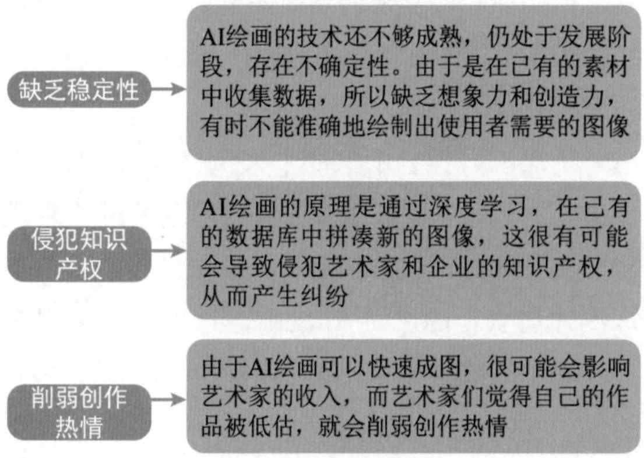

缺乏稳定性
AI绘画的技术还不够成熟，仍处于发展阶段，存在不确定性。由于是在已有的素材中收集数据，所以缺乏想象力和创造力，有时不能准确地绘制出使用者需要的图像

侵犯知识产权
AI绘画的原理是通过深度学习，在已有的数据库中拼凑新的图像，这很有可能会导致侵犯艺术家和企业的知识产权，从而产生纠纷

削弱创作热情
由于AI绘画可以快速成图，很可能会影响艺术家的收入，而艺术家们觉得自己的作品被低估，就会削弱创作热情

图 1-32　AI 绘画的弊端

综上所述，AI绘画可以辅助人们完成机械性重复式的劳动，但最终所形成的商业画稿，还是需要人类来完成。

1.6.7　AI 绘画是否会取代画师

人工智能技术的出现成为当今社会各界关注的热点话题，其中争议比较大的问题便是：AI绘画是否会取代画师。虽然 AI 绘画可以通过算法来生成图像，但它并不具备人类艺术家的创意与灵感，因此 AI 绘画不会完全取代人工，而是需要二者的共同参与才能达到更好的效果。图 1-33 所示为 AI 绘画经过多次调整的图像。

图 1-33　经过多次调整的图像

AI 绘画为个人用户和行业带来了许多正面影响，我们应该以开放和积极的心态去理解和运用这项技术，并期待 AI 绘画能够给我们带来更多的可能性。

第2章

Why：AI 绘画为什么火爆

章前知识导读

从 2023 年上半年开始，AI 绘画逐渐成了一个热门话题，很多人都开始尝试使用 AI 工具创作自己的作品。那么，为什么 AI 绘画会这么火爆呢？本章就来重点回答这个问题。

新手重点索引

■ 应用场景非常广泛　　　　　■ 带来了新的机遇
■ 成为新的流量密码　　　　　■ 给人们带来了改变

效果图片欣赏

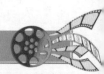

2.1 应用场景非常广泛

AI 绘画在近年来得到了越来越多的关注和研究，其应用领域也越来越广泛，包括游戏、电影、动画、设计、数字艺术等。AI 绘画不仅可以用于生成各种形式的艺术作品，还可以用于自动生成艺术品的创作过程，从而帮助艺术家更快捷、更准确地表达自己的创意，这也是 AI 绘画获得快速发展的一个重要原因。本节就来为大家讲解 AI 绘画的一些常见应用场景。

2.1.1 游戏开发

AI 绘画可以帮助游戏开发者快速生成游戏中需要的各种艺术资源，如人物角色、背景等图像素材。下面是 AI 绘画在游戏开发中的一些应用场景。

（1）环境和场景绘制：AI 绘画技术可以用于快速生成游戏中的背景和环境，如城市街景、森林、荒野、建筑等，如图 2-1 所示。这些场景可以使用 GAN 生成器或其他机器学习技术快速创建，并且可以根据需要进行修改和优化。

图 2-1　使用 AI 绘画技术绘制的游戏场景

（2）角色设计：AI 绘画技术可以用于游戏角色的设计，如图 2-2 所示。游戏开发者可以通过 GAN 生成器或其他技术快速生成角色草图，然后使用传统绘画工具进行优化和修改。

（3）纹理生成：纹理在游戏中是非常重要的一部分，AI 绘画技术可以用于生成高质量的纹理，如石头纹理、木材纹理、金属纹理等，如图 2-3 所示。

图 2-2　使用 AI 绘画技术绘制的游戏角色

图 2-3 使用 AI 绘画技术绘制的石头纹理素材

（4）视觉效果：AI 绘画技术可以帮助游戏开发者更加快速地创建各种视觉效果，如烟雾、火焰、水波、光影等，如图 2-4 所示。

（5）动画制作：AI 绘画技术可以用于快速创建游戏中的动画序列，如图 2-5 所示。AI 绘画

技术可以将手绘的草图转化为动画序列，并根据需要进行调整。

AI 绘画技术在游戏开发中有着很多应用，可以帮助游戏开发者高效生成高质量的游戏内容，从而提高游戏的质量和玩家的体验。

图 2-4 使用 AI 绘画技术绘制的烟雾效果

图 2-5 使用 AI 绘画技术创建的动画序列

2.1.2　电影、动画

　　AI 绘画技术在电影和动画制作中有着越来越广泛的应用，可以帮助电影和动画制作人员快速生成各种场景和进行角色设计，以及特效和后期制作。下面是一些具体的应用场景。

　　（1）前期制作：在电影和动画的前期制作中，AI 绘画技术可以用于快速生成概念图和分镜头草图（如图 2-6 所示），从而帮助制作人员更好地理解角色和场景，以及更好地规划后期制作流程。

图 2-6　使用 AI 绘画技术绘制的电影分镜头草图

　　（2）特效制作：AI 绘画技术可以用于生成各种特效，如烟雾、火焰、水波等，如图 2-7 所示。这些特效可以帮助制作人员更好地表现场景和角色，从而提高电影和动画的质量。

　　（3）角色设计：AI 绘画技术可以用于快速生成角色设计草图，如图 2-8 所示。这些草图可以帮助制作人员更好地理解角色，从而精准地塑造角色形象和个性。

图 2-7　使用 AI 绘画技术绘制的火焰特效

图 2-8　使用 AI 绘画技术绘制的角色设计草图

（4）环境和场景设计：AI 绘画技术可以用于快速生成环境和场景设计草图，如图 2-9 所示。这些草图可以帮助制作人员更好地规划电影和动画的场景和布局，为电影的场景搭建提供思路。

（5）后期制作：在电影和动画的后期制作

中，AI 绘画技术可以用于快速生成高质量的视觉效果，如进行色彩修正、光影处理、场景合成等（如图 2-10 所示），从而提高电影和动画的视觉效果和质量。

图 2-9　使用 AI 绘画技术绘制的场景设计草图

图 2-10　使用 AI 绘画技术绘制的场景合成效果

AI 绘画技术在电影和动画中的应用非常广泛，可以加速创作过程、提高图像质量和创意的创新度，为电影和动画行业带来了巨大的变革和机遇。

2.1.3 设计、广告

在设计和广告领域，使用 AI 绘画技术可以提高设计的效率和作品的质量，促进广告内容的多样化发展，增强产品设计的创造力和展示效果，以及提供更加智能、高效的用户交互体验。

AI 绘画技术可以帮助设计师和广告制作人员快速生成各种平面设计和宣传资料，如广告海报、宣传图等图像素材。下面是一些典型的应用场景。

（1）广告创意生成：AI 绘画技术可以用于生成有创意的广告图像、文字，以及广告场景的搭建，从而快速生成多样化的广告内容，如图 2-11 所示。

图 2-11　使用 AI 绘画技术绘制的平板电脑广告图片

（2）美术创作：AI 绘画技术可以用于美术创作，帮助艺术家快速生成、修改或者完善他们的作品，提高艺术创作效率和创新能力，如图 2-12 所示。

（3）产品设计：AI 绘画技术可以用于生成虚拟的产品样品（如图 2-13 所示），从而在产品设计阶段帮助设计师更好地进行设计和展示，并得到反馈和修改意见。

图 2-12　使用 AI 绘画技术绘制的美术作品

图 2-13　使用 AI 绘画技术绘制的产品样品图

（4）智能交互：AI 绘画技术可以用于智能交互，如智能客服、语音助手等（如图 2-14 所示），通过生成自然、流畅、直观的图像和文字，提供更加高效、友好的用户体验。

（5）设计师辅助工具：AI 绘画技术可以辅助设计师完成概念草图、色彩搭配等设计工作，从而提高设计效率和质量。

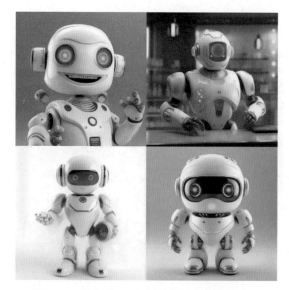

图 2-14　使用 AI 绘画技术绘制的智能客服图

2.1.4　数字艺术

AI 绘画成为数字艺术的一种重要创作形式，艺术家可以利用 AI 绘画的技术特点创作出具有

独特性的数字艺术作品，如图 2-15 所示。AI 绘画的发展对于数字艺术的推广有着重要作用，它推动了数字艺术的创新。

图 2-15　使用 AI 绘画技术绘制的数字艺术作品

2.2　带来了新的机遇

AI 绘画的出现和发展给许多人带来了新的发展机遇，这主要体现在 AI 绘画为他们提供了更多商业变现的机会。于是越来越多的人开始通过 AI 绘画进行掘金，这也让 AI 绘画变得越来越火了。这一节就来重点为大家讲解 AI 绘画的相关变现方法，帮助大家更好地把握 AI 绘画带来的新机遇。

2.2.1　售卖 AI 绘画的关键词

很多 AI 绘画软件都是根据输入的关键词来生成 AI 绘画作品的，而且关键词越多、越详细，绘制出来的 AI 绘画作品可能就越贴近预期的效果。因此，为了更好地绘制出满意的 AI 绘画作品，许多人都在费心费力地寻找关键词。

看到这一点之后，许多商家整理了大量关键词，并将其打包销售。图 2-16 所示为部分商家销售的关键词打包类商品。

图 2-16　部分商家销售的关键词打包类商品

虽然这种关键词打包类商品的销售价格通常都比较低（价格太高，可能无法吸引消费者购买），但是随着购买人数的增加，商家也可以借助薄利多销获得一定的收益。所以，对于粉丝量多、AI 绘画操作经验丰富的人群来说，将 AI 绘画的关键词整理出来进行售卖，也是一种有效的变现方式。

2.2.2　售卖 AI 绘画操作教程

对于普通用户来说，从零开始摸索，快速了解 AI 绘画，并且绘制出满意的 AI 绘画作品是有一定难度的。那么，如何解决这个问题呢？其中一种比较简单有效的方法就是借鉴别人的操作经验。

看到这一点之后，有的作者结合自身的操作经验推出了操作教程，如图 2-17 所示。消费者购买课程之后，便可以通过视频、音频等学习教程，快速掌握相关的操作技巧。所以，即便有的教程标价几百元，有的消费者还是很愿意购买。因此，很多作者都通过售卖 AI 绘画操作教程获

得了比较可观的收益。

图 2-17　作者结合自身的操作经验推出的操作教程

2.2.3　出版 AI 绘画的相关图书

除了 AI 绘画教程之外，我们还可以对 AI 绘画的相关知识进行系统的整理，并将其打造成图书进行销售。图 2-18 所示为当当平台上销售的与 AI 绘画相关的图书。

图 2-18　当当平台上销售的与 AI 绘画相关的图书

将 AI 绘画的相关知识整理之后作为图书出版，主要有两个好处，一是增加变现的渠道，获得更多收益；二是提高知名度，让更多人变成你的粉丝，从而为日后的商业变现奠定坚实的基础。

2.2.4　售卖 AI 绘画作品

因为 AI 绘画的作品效果有时候可以堪比大师，所以市场上有一部分人对于优质 AI 绘画作品的价值是比较认可的。因此，如果你的 AI 绘画作品足够优秀，那么也可以像传统绘画作品一样进行售卖。有的 AI 绘画作品价值比较高，甚至还可以通过拍卖来进行售卖。

图 2-19 所示为通过 AI 绘画完成历史名人的遗稿，绘制的画作不仅美观，而且价值非常高，因此拍出了 110 万元的高价。

图 2-19　某 AI 绘画作品拍出了 110 万元的高价

对于大多数普通人来说，要绘制出能够直接进行拍卖的 AI 绘画作品可能不是一件容易的事。此时，我们可以转变一下思路，借助 AI 绘画来提高工作效率，甚至还可以将 AI 绘画的作品作为成品交付给甲方。

例如，某位设计师的甲方对于商品宣传图的需求比较急迫，如果这位设计师按照自己平常的工作方法进行设计，那么很可能是无法如期交付的。此时，这位设计师便调整了工作方法，借助 AI 绘画进行商品宣传图的设计，并最终得到了满意的作品，如图 2-20 所示。

图 2-20　借助 AI 绘画进行商品宣传图的设计

2.3　成为新的流量密码

有的东西迎合了人们某方面的需求，越来越多的人开始参与进来，于是它便成为流量密码。AI 绘画也是如此，因为它可以让没有绘画基础的人群也能制作出精美的绘画作品，所以很多人都对它产生了兴趣，关于 AI 绘画的话题也成为热点。那么，AI 绘画为什么能够成为新的流量密码呢？本节就来分析原因。

2.3.1　互联网的开放性与流动性

互联网的开放性，主要是指互联网对于用户是开放的，用户通过互联网可以自由地访问相应的网站；而互联网的流动性，则是指互联网用户是流动的，用户可以在网络中的对应网站查看和发布信息。

因为互联网具有开放性，所以当人们对 AI 绘画感兴趣时，便可以在浏览器中搜索对应 AI 绘画的平台，并单击搜索结果中对应官网平台的链接，如图 2-21 所示。这样一来，随着用户的不断增加，AI 绘画平台，乃至与 AI 绘画相关的话题，自然会获得越来越多的流量。

而互联网的流动性，则让用户流动于网上的各个平台，快速传播 AI 绘画的相关信息。于是，越来越多的人开始知道 AI 绘画，并由于好奇心开始想对 AI 绘画了解更多，甚至想亲自测试 AI 绘画的使用效果。这样一来，AI 绘画的相关信息获得了广泛传播，拥有了一大批的受众，自然也就成了一个流量密码。

图 2-21　单击搜索结果中对应官网平台的链接

2.3.2　低门槛带来了高热度

对于许多人来说，AI 绘画是一个参与门槛很低的新事物，只要登录 AI 绘画平台，输入关键词，便可以获得 AI 绘画作品。当然，用户可以根据自身需要绘制的 AI 绘画作品来输入关键词，输入的关键词越多，绘制的 AI 绘画作品就会更贴近用户的需求。

例如，在 Midjourney 中绘制与狗相关的 AI 绘画作品时，用户可以只输入一个单词，如 dog，如图 2-22 所示；也可以输入一个描述狗的句子，如图 2-23 所示。

由图 2-22 和图 2-23 可以看出，无论是输入简单的单词，还是输入一个描述性的句子，都可以获得 AI 绘画作品。也就是说，AI 绘画的参与门槛是非常低的，只要用户愿意输入关键词，便可以参与 AI 绘画作品的创作。这种低参与门槛

的特性，也使得越来越多用户参与到 AI 绘画的创作中，这也为 AI 绘画这个新事物带来了很高的热度。

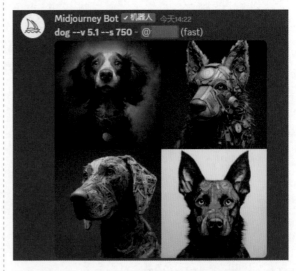

图 2-22　只输入一个单词获得的 AI 绘画作品

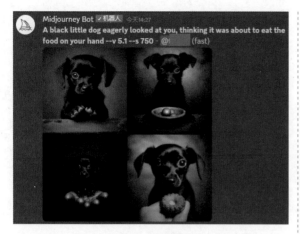

图 2-23　输入描述性句子获得的 AI 绘画作品

2.3.3　自媒体的推波助澜

AI 绘画之所以能成为新的流量密码，很多活跃在各个社交平台的自媒体起到了推波助澜的作用。这些自媒体围绕 AI 绘画打造自己的账号，发布与 AI 绘画相关的内容，让越来越多的人对 AI 绘画这个新事物产生了浓厚的兴趣。

具体来说，有的自媒体运营者看到 AI 绘画的良好发展态势之后，打造了专门的 AI 绘画类账号，并通过该账号发布与 AI 绘画相关的内容。图 2-24 所示为抖音和微信视频号平台中的 AI 自媒体账号。

图 2-24　抖音和微信视频号平台中的 AI 自媒体账号

有的自媒体运营者虽然没有打造专门的 AI 绘

画类账号，但是却发布了与 AI 绘画相关的内容。而且因为发布的内容对用户的吸引力比较大，这些内容还获得了很多用户的关注。图 2-25 所示为抖音平台发布的一条与 AI 绘画相关的短视频，可以看到该短视频的点赞量达到了 3.4 万。

图 2-25　抖音平台发布的一条与
AI 绘画相关的短视频

这些自媒体账号和自媒体账号发布的内容，将 AI 绘画的相关信息传达给了更多的互联网用户，使越来越多的用户在好奇心的驱使下注册了 AI 绘画平台的账号，这也为各大 AI 绘画平台带来了一大波流量。

2.3.4　涌现了大量的相关平台

AI 绘画出现之后，受到很多人的追捧。于是，部分互联网公司为了在 AI 绘画领域分得一杯羹，纷纷开始推出 AI 绘画类平台，互联网上涌现的相关平台也越来越多了。

目前，用户可以根据自身的需求来选择与 AI 绘画相关的平台。例如，要创作 AI 绘画文案，可以使用 ChatGPT、文心一言、悉语智能文案和 Effidit 等平台；要绘制 AI 绘画作品，可以使用 Midjourney、文心一格、造梦日记和 AI 文字作画等平台。这些平台，将在第 3 章和第 4 章中重点介绍，这里就不再赘述了。

随着大量相关平台的涌现，人们对于 AI 绘画的需求逐渐得到了满足，因此越来越多的人对于 AI 绘画的效果感到满意。在这种情况下，越来越多的人开始成为各大 AI 绘画平台的忠实用户，而 AI 绘画的相关信息自然也就受到更多人的关注了。

2.4 给人们带来了改变

作为一种新事物，AI 绘画的出现给人们的社交、生活、学习和工作等方面都带来了一些改变。给很多用户带来一种奇妙的感觉，那就是好像经常都可以用到 AI 绘画，这也让部分人群沉浸在 AI 绘画中，成为 AI 绘画的忠实粉丝。那么，AI 绘画给人们带来了哪些改变呢？本节就来进行简单的介绍。

2.4.1 充当社交的货币

社交货币，简单来说，就是社交过程中使用的知识储备，或者说是社交过程中的谈资。因为 AI 绘画是一种自带流量的新生事物，所以在与他人交流的过程中，很多人觉得对 AI 绘画的相关知识有一些了解是一件值得分享的事。因此，很多人都乐于分享关于 AI 绘画的信息，也乐意分享自己制作的 AI 绘画作品。

AI 绘画充当社交货币的情况，在一些刚接触 AI 绘画的人群和想要通过 AI 绘画获得粉丝的人群身上比较常见。那些刚接触 AI 绘画的人群，获得自己满意的绘画作品之后，可能会迫不及待地在社交平台进行分享。图 2-26 所示为微信朋友圈中分享的 AI 绘画作品；而那些想要通过 AI 绘画获得粉丝的人群，则会通过在社交平台发布信息来显示自身的专业性，让更多人成为他们的追随者。

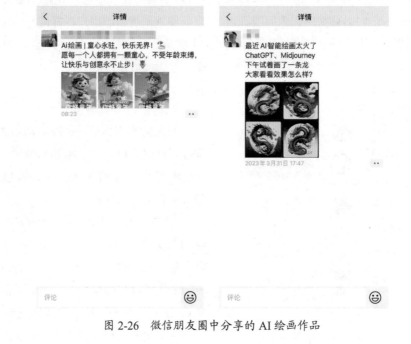

图 2-26　微信朋友圈中分享的 AI 绘画作品

2.4.2　带来了生活乐趣

AI 绘画的出现，给一部分人带来了更多的生活乐趣，这主要体现在两个方面，一是让很多没有绘画基础的人，也能快速获得自己亲手设计的绘画作品；二是 AI 绘画作品的生成具有随机性，即便是输入同样的关键词，生成的 AI 绘画作品可能也会有一些差异，因此这种生成内容的未知性和不确定性也让人获得了很多乐趣。

以生成的 AI 绘画作品具有随机性为例，用户在 Midjourney 中输入完全相同的关键词，但是生成的 AI 绘画作品却存在着较大的差异，如图 2-27、图 2-28 所示。这种生成内容的随机性，也让很多用户更加沉浸在 AI 绘画的制作中，有时候，部分用户可能会重复多次相同的关键词进行 AI 绘画作品的生成，然后从中选择自己更满意的 AI 绘画作品。

图 2-27　输入相同的关键词生成的 AI 绘画作品（1）

图 2-28　输入相同的关键词生成的 AI 绘画作品（2）

2.4.3　提高学习的成绩

对于使用 AI 绘画提高学习成绩这一点，很多人可能会有一些疑惑。其实，只要使用得当，AI 绘画对于提高学习成绩是大有裨益的，这不仅体现在 AI 绘画的相关平台可以为提高学习成绩提供一些方法，还体现在 AI 绘画可以将学习的内容图形化，让学习者可以更好地记住正在学习的内容。

很多学生在读书的时候可能某个课程的成绩相对较差，却找不到提高该课程成绩的方法，此时便可以通过在 AI 绘画的文案制作类平台中进行提问，看看该平台的系统给出的答案是否具有参考性。

图 2-29 所示为关于"如何提高语文成绩"的问答，可以看到平台系统给出的答复中提供了

一些切实可行的方法，其中的部分方法，可能还是自己没有想到的。此时，只需根据该平台系统给出的方法进行操作，即可有针对性地提高语文成绩。

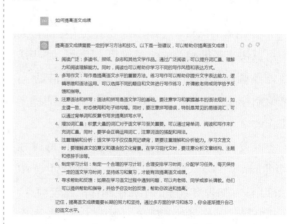

图 2-29　关于"如何提高语文成绩"的问答

人是视觉动物，相比于文字信息，人更容易记住图片信息。所以，当我们在学习过程中遇到了难以记住的文字信息时，可以借助 AI 绘画生成绘画作品，辅助进行记忆，从而形成更深刻的印象。

例如，在学习柳宗元的《江雪》时，为了便于背诵该诗句，可以将诗中的原句翻译成英文，并添加一些其他的关键词，在 Midjourney 中生成相关的 AI 绘画作品，如图 2-30 所示。看到该 AI 绘画作品之后，很容易就能联想到《江雪》中描绘的意境，在这种情况下，自然更容易记住这首诗的诗句。

图 2-30　在 Midjourney 中生成《江雪》的相关
AI 绘画作品

2.4.4　提高了工作效率

AI 绘画的出现，使绘画的效率大大提高，人们可以快速获得相关的绘画作品。因此，那些从事与绘画和设计相关工作的人群，可以借助 AI 来绘制作品，为自己的工作提供助力，从而提高工作效率。

以设计小狗的卡通形象为例，用户可以在 Midjourney 中输入相关的关键词，先生成 4 张 AI 绘画作品。如果对其中的某张绘画作品比较满意，可以在该绘画作品的基础上，生成其他的绘画作

品。例如，对第 4 张绘画作品比较满意，可以单击 V4 按钮，如图 2-31 所示。

图 2-31　单击 V4 按钮

执行操作后，即可在第 4 张图的基础上，生成 4 张新的绘画作品。用户可以根据生成的绘画作品来决定接下来的操作，如果对其中的某张绘画作品很满意，可以将其单独生成一张放大图。例如，对第 4 张绘画作品很满意，可以单击 U4 按钮，如图 2-32 所示。

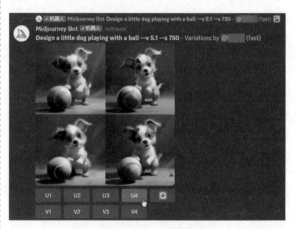

图 2-32　单击 U4 按钮

执行操作后，系统会提升第 4 张绘画作品的细节，并放大生成一张新的绘画作品，如图 2-33 所示。对于从事绘画和设计工作的人群来说，此

时生成的 AI 绘画作品已经比较贴近自身需求了，他们可以参照该 AI 绘画作品绘制其他的绘画作品，或者在该 AI 绘画作品的基础上，进行细节调整，获得更满意的绘画作品。而这样进行操作，相比于从零开始自己画图要高效得多。

图 2-33　提升绘画作品的细节生成一张新的绘画作品

2.4.5　完善了艺术教育

随着技术不断地发展与进步，AI 绘画也将会在艺术教育这一领域发挥越来越重要的作用。下面将举例说明 AI 绘画技术对艺术教育的完善，如图 2-34 所示。

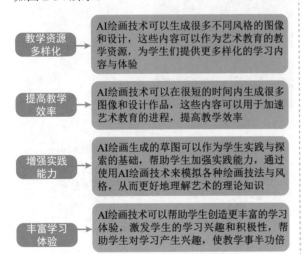

图 2-34　AI 绘画技术对艺术教育的完善

2.4.6　促进了文化交流

AI 绘画技术不仅完善了艺术教育，同时也促进了全球文化的交流。下面将举例说明具体表现在哪些方面，如图 2-35 所示。

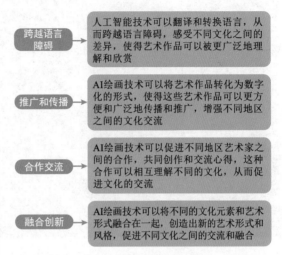

图 2-35　AI 绘画根据偏好生成艺术作品

AI 绘画技术促进了全球文化交流，使得艺术更加国际化和包容性。这也为不同地区之间的文化交流和相互了解提供了新的机遇和平台。

2.4.7　推动美术的发展

AI 绘画技术的发展可以提升美术生产力。通过使用 AI 技术，美术家们可以更快地制作精美的艺术作品。因此，美术行业的生产效率也会提升，这在一定程度上推动了美术产业的发展。

其中，图 2-36 所示为使用 GAN（生成对抗网络）技术生成的高质量的图像。这种技术可以根据输入的图像生成高度类似的图像。

使用 AI 绘画技术可以快速地创作出新的艺术作品，并且在不同的风格之间进行转换。这意味着美术家们可以更快地制作出作品，同时不必在细节方面花费太多时间。

图 2-36　使用 GAN（生成对抗网络）技术生成的高质量图像

总的来说，AI 绘画技术可以帮助美术家们提高生产力，减少他们在一些烦琐的任务上花费的时间和精力投入，从而让他们有更多的时间和精力去创作更多的艺术作品。

2.4.8　提供了商业价值

AI 绘画可以为人们带来许多商业价值，具体表现如下。

（1）通过 AI 技术，可以快速地制作定制艺术品，生成客户需要的照片，以满足客户的需求，如图 2-37 所示。

图 2-37　根据客户的需求生成的图像

（2）AI 绘画技术可以为品牌创造独特的视觉元素，如标志、图标和海报，如图 2-38 所示。这些元素可以帮助品牌在市场上脱颖而出，并吸引更多的客户。

图 2-38　使用 AI 绘画技术制作的企业标志

（3）AI 绘画技术可用于游戏和影视制作中的角色设计、场景设计以及特效制作，如图 2-39 所示。这些技术大大减少了制作时间和成本，同时提高了视觉效果。

图 2-39　使用 AI 绘画技术制作影视角色

总之，AI 绘画技术提供了许多商业机会，可以帮助公司创造独特的品牌形象，提高生产力，减少成本，并开发新的产品和服务。

2.4.9　拓展了创造力

AI 绘画技术在很大程度上可以拓展创造力，下面将举例说明具体表现在哪些方面，如图 2-40 所示。

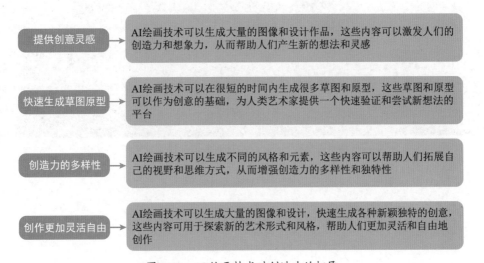

图 2-40　AI 绘画技术对创造力的拓展

总之，AI 绘画技术可以为创造力的拓展提供很多机会和可能性，它不仅可以作为工具来帮助人们创作，还可以作为启发和灵感的源泉来激发人们的创造力。

2.4.10　推动了艺术发展

随着越来越多的 AI 绘画作品流入市场，传统的绘画作品逐渐面临着新的竞争，这也推动了艺术市场的发展。下面将举例说明表现在哪些方面。

（1）自动化创作：AI 绘画技术可以自动生成艺术作品，减少艺术家创作的时间和成本。这使得更多的人可以参与艺术创作，进一步扩大了艺术市场。

（2）个性化服务：AI 技术可以分析个人的口味和偏好，并且能够生成符合这些偏好的艺术作品，如图 2-41 所示，满足更多人需求的同时，推动市场的发展。

（3）艺术品评估：AI 还可用于艺术品的评估和鉴定。这使得市场更加透明和公正，消除了一些市场上可能存在的欺诈行为。

（4）创新创作：AI 绘画技术为艺术家带来了新的创作思路和方式，使得艺术作品更具创意和独特性。这也使得市场更加丰富多样，推动了市场的发展。

图 2-41　AI 绘画根据偏好生成艺术作品

第3章

Where: 文案创作平台哪里能找到

章前知识导读

　　AI智能生成文案是现今互联网时代的一大流行趋势，并且随着研究的深入其传播与应用会越来越广泛，因此了解AI文案是十分必要的。本章将介绍一些AI文案的创作平台，让大家对其有一定的了解。

新手重点索引

- 最火的平台：ChatGPT
- 其他AI文案创作神器
- BAT推出的产品

效果图片欣赏

3.1 最火的平台：ChatGPT

ChatGPT 是一种基于人工智能技术的聊天机器人，它使用了自然语言处理和深度学习等技术，可以进行自然语言的对话，回答用户提出的各种问题（如图 3-1 所示），并提供相关的信息和建议。

图 3-1 ChatGPT 能够回答用户提出的各种问题

ChatGPT 的核心算法基于 GPT（Generative Pre-trained Transformer，生成式预训练转换模型）模型，这是一种由人工智能研究公司 OpenAI 开发的深度学习模型，可以生成自然语言的文本。

ChatGPT 可以与用户进行多种形式的交互，如文本聊天、语音识别、语音合成等。ChatGPT 可以应用于多种场景，如客服、语音助手、教育、娱乐等领域，帮助用户解决问题，提供娱乐和知识服务。

ChatGPT 的主要功能是自然语言处理和生成，包括文本的自动摘要、文本分类、对话生成、文本翻译、语音识别、语音合成等。ChatGPT 可以接受文本、语音等输入形式，然后对其进行语言理解、分析和处理，最终生成相应的输出结果。

例如，用户可以在 ChatGPT 中输入需要翻译的文本，如"我正在学习 AI 绘画，能把这句话翻译成英文"，ChatGPT 将自动检测用户输入

的源语言，并翻译成用户所选择的目标语言，如图 3-2 所示。

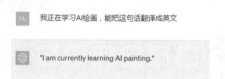

图 3-2 ChatGPT 的文本翻译功能

ChatGPT 主要基于深度学习和自然语言处理等技术来实现这些功能，采用了类似于神经网络的模型进行训练和推理，模拟人类的语言处理和生成能力，可以处理大规模的自然语言数据，生成质量高、连贯性强的语言模型，具有广泛的应用前景。

ChatGPT 为人类提供了一种全新的交流方式，能够通过自然的语言交互，来实现更加高效、便捷的人机交互。未来，随着技术的不断进步和应用场景的不断扩展，ChatGPT 的发展也将会更加迅速，带来更多行业创新和应用价值。下面就来讲解 ChatGPT 的几种常见功能。

3.1.1 制订编写计划

ChatGPT 可以向用户提供一些关于制订计划的建议和指导，以帮助用户更好地规划和管理时间。例如，通过 ChatGPT 制订一个文案制作计划，描述语言为"做一个文案编写时间计划"，ChatGPT 给出的计划内容如图 3-3 所示。

▶ 温馨提示

从图 3-3 中可以看到，ChatGPT 不仅将整个编写流程分成了 5 个阶段，而且还明确了每周要完成的人物，整体的计划流程还是比较合理的。

DU 做一个文案编写时间计划

当然，我可以帮你制定一个文案编写时间计划。以下是一个简单的时间表，供你参考：

阶段一：准备阶段

- 第1周：明确目标、确定受众和关键信息，收集所需资料。
- 第2周：研究市场和竞争对手，进行文案策略规划。

阶段二：草稿撰写

- 第3周：编写第一版草稿，确保文案结构合理。
- 第4周：进行初步修改和润色，确保语言流畅。

阶段三：细化和优化

- 第5周：深入优化文案，确保信息精确传达，添加引人注目的元素（如标题、子标题、强调部分等）。
- 第6周：进行整体编辑和校对，确保文案风格一致、无语法错误。

阶段四：最终修改和审查

- 第7周：进行最终修改和修正，确保文案内容和形式都达到最佳状态。
- 第8周：进行审查和审校，纠正任何拼写错误或排版问题。

阶段五：交付和反馈

- 第9周：提交文案给相关人员，收集反馈意见。
- 第10周：根据反馈意见进行必要的修改和调整，最终完成文案。

请注意，这只是一个大致的时间表，具体的时间安排还取决于文案的复杂程度、所需资料的收集难度以及反馈意见的及时性等因素。确保在每个阶段合理安排时间，预留出余地以应对可能的延迟或意外情况。

图 3-3 ChatGPT 制订的文案编写计划

3.1.2 确定编写方案

ChatGPT 可以协助用户进行方案的确定，如 ChatGPT 可以通过对话的方式帮助用户梳理思路、收集信息、探讨不同的方案选择，并生成相应的具体方案。同时，ChatGPT 可以利用训练好的模型，提供关于特定问题领域的背景信息和知识，从而帮助人们更好地理解问题和制定方案。

例如，在商业决策方面，ChatGPT 可以帮助企业领导或分析师探讨不同的市场策略或产品方案，并提供相应的文本输出；在医疗诊断方面，ChatGPT 可以帮助医生收集病历信息、进行初步的病情分析，从而为诊断和治疗提供参考。

例如，使用 ChatGPT 做一个文案策划方案，描述语言为"做一个文案策划方案"，ChatGPT 给出的方案内容如图 3-4 所示。

DU 做一个文案策划方案

当制定文案策划方案时，以下是一些关键步骤和要点，供你参考：

1. 确定目标和受众：
   - 确定文案的主要目标，例如提高品牌知名度、促进销售、传达特定信息等。
   - 定义目标受众，包括他们的特征、兴趣、需求和偏好。
2. 研究市场和竞争：
   - 分析目标市场的趋势、特点和机会。
   - 研究竞争对手的文案策略，了解他们的强项和弱点。
3. 定义关键信息和核心信息：
   - 确定需要在文案中传达的关键信息，例如产品特点、优势、独特卖点等。
   - 确定核心信息，即最重要、最引人注目的信息，需要在文案中突出展示。
4. 制定文案主题和核心信息表达方式：
   - 根据目标、受众和关键信息，确定文案的主题或中心思想。
   - 确定如何最有效地表达核心信息，例如通过故事叙述、数据和统计、利用幽默等方式。

5. 确定文案的形式和渠道：
   - 根据目标受众的偏好和行为习惯，选择适合的文案形式，例如广告文案、社交媒体文案、网站文案等。
   - 确定文案的传播渠道，例如广告渠道、社交媒体平台、官方网站等。
6. 制订时间计划：
   - 确定每个阶段的时间范围，包括准备、草稿撰写、修改和最终修改等。
   - 分配适当的时间来收集反馈和进行修改。
7. 撰写和修改文案：
   - 根据前面的策划，撰写第一版草稿，并进行适当的修改和润色。
   - 进行整体编辑和校对，确保文案语言流畅、一致，无拼写或语法错误。
8. 测试和优化：
   - 在发布之前，进行文案的测试和评估。
   - 收集用户反馈，并根据反馈进行必要的优化和调整。
9. 定期评估和调整：
   - 定期评估文案的效果和成果，与预期目标进行比较。
   - 根据评估结果，进行必要的调整和改进。

图 3-4 ChatGPT 制定的文案策划方案

3.1.3 编写文案内容

ChatGPT 可以理解用户输入的问题，并模拟人类对话的方式，为用户提供丰富的文案和应对策略，使得文案编写过程更加流畅和有效。

以文案标题的编写为例，ChatGPT 可以帮助用户高效地编写各种类型的文案标题，无论是文章标题、商品标题、短视频标题、直播标题还是其他形式的文案标题，ChatGPT 都可以提供一些有用的建议和提示，从而帮助用户提高文案标题的质量和引流效果。

例如，在 ChatGPT 中输入"写几个有吸引力的汽车销售文案标题"，ChatGPT 即可生成对应的文案标题，如图 3-5 所示。

写几个有吸引力的汽车销售文案标题

当涉及汽车销售文案标题时，吸引力和创造力非常重要。以下是几个有吸引力的汽车销售文案标题的示例：

1. "体验驾驶的极致乐趣：掌握全新XXXX的方向盘"
2. "燃烧你的激情：揭开XXXX震撼动力的面纱"
3. "无与伦比的奢华体验：XXXX，颠覆你对驾驶的定义"
4. "进入未来：XXXX科技引领驾驶的新时代"
5. "自由驰骋：XXXX，让你的冒险之旅开始"
6. "驾驶的艺术：XXXX，匠心打造的精致之选"
7. "领略魅力的魅力：XXXX，超越一切的动力怪兽"
8. "纯粹驾驶的乐趣：XXXX，还原真正的驾驶快感"
9. "注入你的个性：定制XXXX，展现你独特的风格"
10. "逃离常规：XXXX，突破传统的驾驶体验"

这些标题旨在吸引消费者的注意力，并激发他们对汽车的兴趣和渴望。根据实际情况，可以根据特定的汽车品牌、型号和特点进行定制和调整。

图 3-5　ChatGPT 生成的汽车销售文案标题

除了文案标题之外，用户还可以通过输入关键词，快速在 ChatGPT 中生成对应的文案内容。

例如，在 ChatGPT 中输入"写一篇关于汽车宣传的文案，字数为 200 字左右"，ChatGPT 即可生成对应的销售文案，如图 3-6 所示。

写一篇关于汽车宣传的文案，字数为200字左右

驾驶梦想，超越极限

掌握未来，尽在XXXX汽车。我们引领着汽车行业的变革，创造着令人心驰神往的驾驶体验。

与众不同的设计，造就非凡。我们将美学与工程融为一体，塑造出优雅而动感的外观，展现着独特的个性。每一辆XXXX汽车都是独一无二的艺术品，凝聚着无数小时的精雕细琢。

驾驶一辆XXXX，你将感受到超越速度的魅力。我们引入最先进的动力系统，将强劲的马力与卓越的操控融为一体。无论是城市道路还是崎岖山路，XXXX汽车都能带你畅快驰骋，尽情释放激情。

我们的承诺不仅限于卓越的性能。XXXX汽车以安全为首要任务，融入最先进的安全技术，保护你和你所珍视的人。舒适的内饰、智能互联系统和尖端的驾驶辅助功能为你带来无与伦比的驾驶乐趣。

与XXXX，超越你的极限，突破想象。不仅是一辆汽车，更是一种生活方式。加入我们的行列，开启属于你的汽车之旅。

驾驶XXXX，超越一切。这是我们的承诺，让我们一同开启这个充满激情和冒险的旅程吧！

图 3-6　ChatGPT 生成的汽车宣传文案

▶ **温馨提示**

需要注意的是，ChatGPT 生成的文案内容可能存在误差或不符合要求的情况，需要适当地进行人工修改和完善。

3.1.4　修改文案内容

有时候，由于种种原因，ChatGPT 生成的文案内容可能达不到要求，此时用户便可以通过 ChatGPT 对文案进行修改，让文案内容更加符合需求。

具体来说，通过 ChatGPT 对文案进行修改主要有两种方法，一种方法是根据已生成的文案进行修改；另一种方法是调整关键词，让 ChatGPT 生成新的文案。

例如，用户要对上个文案（即图 3-6 所示的文案）进行修改，只需加入一些引导语（如"在上个文案的基础上，重点突出汽车的设计"），ChatGPT 便会自动对文案进行修改，效果如图 3-7 所示。

在上个文案的基础上，重点突出汽车的设计

驾驶梦想，设计创新

掌握未来，尽在XXXX汽车。我们引领着汽车行业的设计革新，创造着令人心驰神往的驾驶体验。

独特的外观，展现非凡。我们的设计师将美学与工程完美融合，打造出引人注目的外观，彰显独特个性。每一辆XXXX汽车都是精心雕琢的艺术品，细节之处流露着无尽的设计智慧。

每一条线条，都诉说着动感与灵动。流线型的车身，勾勒出优雅而动感的轮廓。融入时尚元素的细节设计，彰显着现代气息。XXXX汽车的设计，不仅令人心动，更是成为路上的焦点。

踏进内饰，感受尊贵与舒适。我们注重细节，运用高品质的材料和精工细作的装饰，打造出奢华与舒适并存的驾驶空间。无论是精致的座椅设计、人性化的操作布局还是智能互联系统，都让每一次驾驶都成为享受。

XXXX汽车的设计不仅仅满足了你的需求，更是为你创造了无限的惊喜。我们追求独特性，为每一位驾驶者打造独一无二的驾驶体验。

与XXXX，驾驭设计创新，尽显个性。不仅仅是一辆汽车，更是一种设计语言。加入我们的行列，开启属于你的设计之旅。

驾驶XXXX，超越设计边界。这是我们的设计承诺，让我们一同领略设计的奇迹！

图 3-7　根据生成的文案进行修改

又如，用户可以调整输入的关键词，让 ChatGPT 生成新的汽车宣传文案，效果如图 3-8 所示。

写一篇关于汽车宣传的文案，突出动力系统，字数为200字左右

引领驾驶激情，超越速度极限

掌握未来，尽在XXXX汽车。我们引领着汽车行业的动力系统创新，为您打造令人心跳加速的驾驶体验。

XXXX汽车搭载着强劲的动力系统，将马力与操控完美融合。每一踩下油门，您都能感受到狂飙的速度和无与伦比的加速力。无论是城市街道还是曲线蜿蜒的山路，XXXX汽车都能带您畅快驰骋，尽情释放激情。

我们采用最先进的引擎技术，通过精确的燃烧控制和高效的涡轮增压系统，将动力输出到极致。无论是沉浸在引擎轰鸣声中的畅爽体验，还是在拥挤的都市交通中灵活应对，XXXX汽车始终稳定、可靠，为您带来卓越的驾驶乐趣。

我们致力于追求卓越的性能和卓越的燃油经济性。通过先进的动力系统管理和优化，XXXX汽车不仅提供了惊人的加速性能，同时也注重节油效果，为您带来更长久的驾驶乐趣。

与XXXX，驾驭动力创新，超越速度极限。不仅仅是一辆汽车，更是一种驾驶哲学。加入我们的行列，开启属于您的动力之旅。

驾驶XXXX，超越一切。这是我们的动力承诺，让我们一同体验速度与激情的交织！

图 3-8　ChatGPT 生成新的汽车宣传文案

> **温馨提示**
>
> 用 ChatGPT 生成的文案可能有一定的局限性，即使进行一次修改，也可能难以获得预期的效果。对此，用户可以在多次修改中提炼出更贴合需求的关键信息，并将这些关键信息作为关键词进行输入，从而生成新的文案。

3.2　BAT 推出的产品

看到 AI 创作的广阔发展前景之后，BAT（即百度、阿里巴巴和腾讯）这 3 大互联网公司分别推出了各自的 AI 文案创作类产品。用户可以利用这些产品创作文案，并根据文案内容制作 AI 绘画作品，下面具体进行讲解。

3.2.1　百度的文心一言

文心一言平台是一个面向广大用户的文学写作工具，它提供了各种文学素材和写作指导，可以帮助用户更好地进行文学创作。图 3-9 所示为使用文心一言平台生成的作文。在文心一言平台上，用户可以利用人工智能技术生成与主题相关的文案，包括句子、段落、故事情节、人物形象描述等，帮助用户更好地理解主题和构思作品。

此外，文心一言平台还提供了一些写作辅助工具，如情感分析、词汇推荐、排名对比等，让用户可以更全面地了解自己的作品，并对其进行优化和改进。同时，文心一言平台还设置了创作交流社区，用户可以在这里分享自己的作品，交流创作心得，获取反馈和建议。

总的来说，百度的文心一言平台为广大文学爱好者和写作者提供了一个非常有用的 AI 工具，可以帮助他们更好地进行文学创作。

3.2.2　阿里的悉语智能文案

悉语智能文案是阿里妈妈创意中心出品的一款一键生成商品营销文案的工具。用户可以复制天猫或淘宝平台上的产品链接并添加到悉语智能文案工具中，单击"生成文案"按钮，自动生成产品的营销文案，包括场景文案、内容营销文案和商品属性文案等，如图 3-10 所示。

图 3-9　文心一言平台生成的作文

图 3-10　悉语智能文案平台生成的产品营销文案

图 3-10　悉语智能文案平台生成的产品营销文案（续）

3.2.3　腾讯的 Effidit

高效智能编辑（Efficient and Intelligent Editing，Effidit）是腾讯人工智能实验室（AI Lab）开发的一款创意辅助工具，可以提高用户的写作效率和创作体验。Effidit 的功能包括智能纠错、文本补全、文本润色和超级词典翻译等。

以文本补全功能的使用为例，用户可以在输入框中输入简短的内容，并单击"文本补全"按钮，随后即可查看系统补全的网络素材，如图 3-11 所示。除此之外，用户可以单击"智能生成"按钮，查看系统自动生成的补全内容，如图 3-12 所示。

图 3-11　查看系统补全的网络素材

图 3-12　查看系统自动生成的补全内容

3.3　其他 AI 文案创作神器

除了上面介绍的 ChatGPT 和 BAT 推出的产品之外，用户还可以借助其他的 AI 文案创作神器来制作文案内容，并根据生成的文案内容来制作 AI 绘画作品。下面就来介绍几种其他 AI 文案创作神器。

3.3.1　易撰

易撰是一款服务于自媒体内容创作者的创作工具，主要提供爆文分析、热点追踪、视频素材库、数据监测、原创检测等功能，具体介绍如图 3-13 所示，能够帮助媒体人实现高效创作。

下面以 ChatGPT 生成的一篇童话故事，输入至易撰平台中，进行原创检测示例，如图 3-14 所示。

待文章全部输入完成之后，单击"开始检测"按钮，易撰平台会自动弹出"检测报告"，在报告中可以清晰地看到对文章的评价，包括风险检测结果、原创分值、标题分析、文章标签或领域参考等，用户可以通过改变这些信息来打造爆款文章。

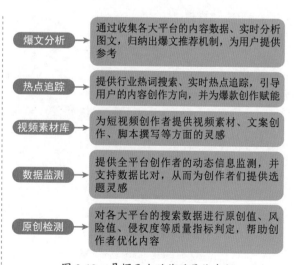

图 3-13　易撰平台功能的具体介绍

图 3-14　易撰平台进行文章原创检测示例

在上述示例的报告中，易撰平台对 ChatGPT 生成的童话故事作出了如图 3-15 所示的判断，未发现文章存在违规内容和违禁词，与百度内容相对照，该文章的原创度为 69.55%，适合归属于宠物领域。

图 3-15　易撰平台进行文章原创检测的详细报告

3.3.2 弈写

弈写（全称为弈写 AI 辅助写作）通过 AI 辅助选题、AI 辅助写作、AI 话题梳理、AI 辅助阅读和 AI 辅助组稿 5 大辅助手段，可以有效地帮助资讯创作者提升内容生产效率，并且拓展其创作的深度和广度。

例如，用户在弈写平台"命题写作"页面的输入框中输入关键词，单击"AI 生成初稿"按钮，如图 3-16 所示。执行操作后，即可查看弈写生成的初稿内容，如图 3-17 所示。

图 3-16 单击"AI 生成初稿"按钮

图 3-17 查看弈写生成的初稿内容

3.3.3 通义千问

通义千问是阿里云推出的一个超大规模的语言模型平台，具有多轮对话、文案创作、逻辑推理、多模态理解、多语言支持等功能。通义千问平台由阿里巴巴内部的知识管理团队创建和维护，包括大量的问答对和相关的知识点。图 3-18 所示为使用通义千问写的文章。

片头：画面聚焦在深圳的高楼大厦，伴随着现代化城市的背景音乐，一个男人推门走进办公室。

第一幕：男人在办公室里工作，面容严肃，他不停地敲击着电脑键盘，手指飞快地在键盘上翻飞。

第二幕：男人的老板走进来，对他表示了肯定，并提出了更高的要求。男人低头沉思，不断思考着如何完成任务。

第三幕：男人下班后，开车回到了出租屋里，他的合租室友是一位年轻女孩，两人一起做饭，男人向女孩抱怨工作的压力。

第四幕：男人开始思考自己的未来，他想要成为一名成功的企业家，创造出自己的商业帝国。他开始研究商业书籍，寻找商机，并结交各行各业的朋友。

第五幕：男人的付出得到了回报，他成功地创立了一家互联网公司，公司迅速发展壮大，他的身价也跟着水涨船高。

第六幕：男人的公司成为了全球首富，他的名字出现在了各大新闻媒体的头条上。男人站在高楼大厦的顶端，俯视着整个城市，露出了自信的微笑。

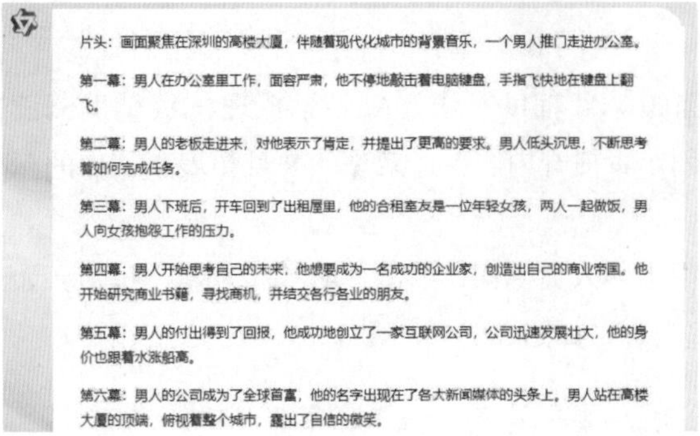

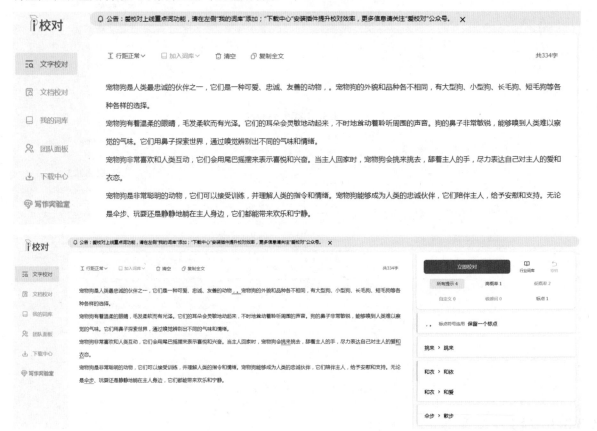

图 3-18　使用通义千问写的文章

据悉，阿里巴巴的所有产品都将接入通义千问大模型，进行全面改造。通义千问支持自由对话，可以随时打断、切换话题，能根据用户需求和场景随时生成内容。同时，用户可以用自己的行业知识和应用场景，训练自己的专属应用场景。

通义千问平台使用了人工智能技术和自然语言处理技术，使得用户可以使用自然语言进行提问，同时系统能够根据问题的语义和上下文，提供准确的答案和相关的知识点。这种智能化的问答机制不仅提高了用户的工作效率，还可以减少一些重复性工作和人为误差。

3.3.4　爱校对

爱校对是清华大学计算机智能人机交互实验室研发的一款错别字检查工具，支持共享词库、自定义词库和不限字数的文本校对，能够实现高效、便捷地编辑文档，有效地帮助文字创作者解决错别字问题。图 3-19 所示为用爱校对进行文字校对的示例。

图 3-19　用爱校对进行文字校对的示例

3.3.5　字语智能

字语智能（原 Get 写作）平台是一个运用人机协作的方式，帮助用户快速完成大纲创建、内容（包含 Word、图片、视频、PPT 等一系列格式）生成的 AI 创作平台，从输入到输出辅助用户进行高效办公。

字语智能平台的主要功能如下。

（1）AI 创作：AI 一键生成提纲，智能填充优质内容，准确传达信息，可生成不同的主题、想法与段落，增强用户的创新性思路，并且可以节省大量的时间精力，提高写作效率。

（2）灵感推荐：智能筛选各大媒体平台的内容并进行整合分析，通过算法推荐相关领域的优质文章与素材内容，为用户节省大量时间。

（3）AI 配图：用户只需输入几个简单的文字描述，即可通过 AI 自动生成想要的图片，并将其一键引入文章中，不仅可以节省大量寻找素材的时间，而且这种高质量的配图能够事半功倍地创作优质文章。

（4）创作模板：字语智能平台提供了海量的创作模板，涵盖历史、电影、科技、音乐、穿搭等多种领域写作方向（如图 3-20 所示），而且还可以结合主题智能生成动态的写作大纲，一键完成用户的写作需求，复刻优质的文案内容，实现效率和效果的最大化。

图 3-20　字语智能平台中的创作模板

（5）智能纠错：通过 AI 快速识别文章中的语病和错句，标注错误原因并提出修改意见。

（6）智能摘要：通过 AI 自动提炼文章中的核心要点，浓缩成文章摘要说明。

（7）智能检测：通过 AI 一键查重，判断文章的原创程度，识别出风险内容。

（8）智能改写：通过 AI 对文章内容做同义调整，实现写作表达的多样化需求。

3.3.6　智能写作

百度大脑智能创作平台推出的智能写作工具是一站式的文章创作助手，它集合了全网热点资讯素材，并通过 AI 自动创作，一键生成爆款。同时，智能写作工具还有智能纠错、标题推荐、用词润色、文本标签、原创度识别等功能，可以帮助用户快速创作多领域的文章。

智能写作工具提供全网 14 个行业分类、全国省市县三级地域数据服务，并通过热度趋势、关联词汇等多角度内容为用户提供文案和素材，有效提升创作效率。

打开智能写作工具后，用户只需输入对应主题的关键词，选择符合需求的热点新闻后进入预览页，即可参考热点内容协助写作。另外，智能写作工具还可以对文章中的内容进行深度分析，包括提示字词、标点相关错误等，并给出正确的建议内容。图 3-21 所示为智能写作工具的"文本纠错"功能。

图 3-21　智能写作工具的"文本纠错"功能

3.3.7　彩云小梦

彩云小梦是一款可以自动续写小说故事的 AI 创作工具，用户只需要在工具中输入故事的标题和开头，并单击 按钮，如图 3-22 所示，即可通过 AI 自动续写小说片段，如图 3-23 所示。彩云小梦内置多种续写模型，包括标准、言情、玄幻等，用户可以自由切换模型，并根据偏好续写不同风格的内容。

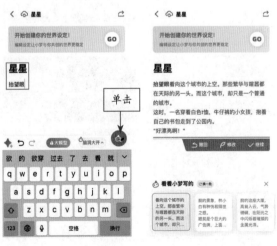

图 3-22　单击 按钮　　图 3-23　通过 AI
自动续写小说片段

3.3.8　Friday AI

AI 创作王——Friday AI 是一款智能生成内容的工具，能够帮助文字工作者轻松地生成文案内容。Friday AI 涉猎于社媒写作、短视频、电商、营销广告、文学等多个领域，支持文本的改写、翻新、批量生成，AI 绘画描述词生成、自定义输入，提供小红书文案生成、新媒体推文写作、营销软文写作、论文大纲和短视频文案等多种内容模板，可满足不同的用户需求。

图 3-24 所示为 Friday AI 生成的小红书景点打卡文案示例；图 3-25 所示为 Friday AI "自定义输入"功能生成的游记示例。

图 3-24　Friday AI 生成的小红书景点打卡文案示例

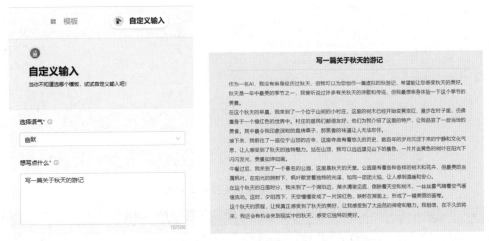

图 3-25　Friday AI "自定义输入"功能生成的游记示例

3.3.9　秘塔写作猫

秘塔写作猫是一个集 AI 写作、多人协作、文本校对、改写润色、自动配图等功能为一体的 AI Native（人工智能原生）内容创作平台。

以借助 AI 写作功能创作文案内容为例，用户可以单击秘塔写作猫平台"最近文件"页面中的"AI 写作"按钮，如图 3-26 所示。

图 3-26　单击"AI 写作"按钮

执行操作后，只需输入标题，并单击"写内容"按钮，便会自动生成相关的文案内容，如图 3-27 所示。

图 3-27　自动生成相关的文案内容

> **温馨提示**
>
> 　　用户还可以设置将文案转换为相应的文体、形式。秘塔写作猫可以将写好的文章导出为 doc、pdf、html 等格式，便于用户分享和存档。

3.3.10　句易网

　　句易网是易点网络下服务于电商行业的一个工具，能够为品牌主提供新闻稿发布、社媒内容撰写、品牌搜索、首页定制等服务。同时，运用句易网，也能够进行违禁词检测。

　　句易网提供了最新广告法违禁词过滤功能，能够对各类自媒体文章、短视频文案、新闻稿、社交媒体用语等进行禁用语检查。图 3-28 所示为运用句意网进行违禁词检查示例。

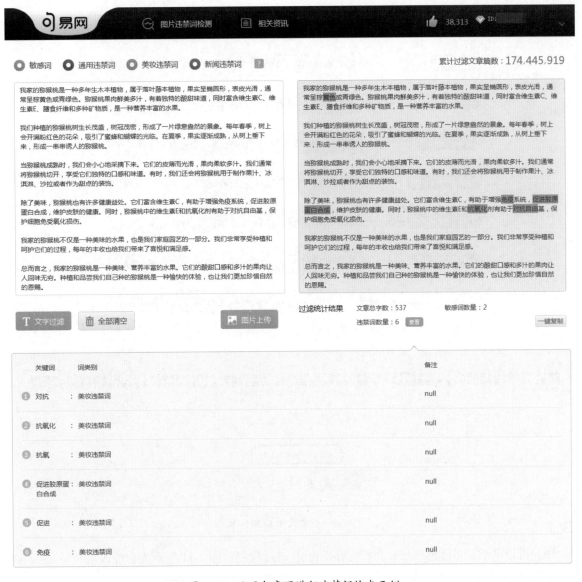

图 3-28　运用句意网进行违禁词检查示例

上述示例中，句易网根据对 2023 年市场监管总局发布的最新广告法的解读，对所输入的文本进行违禁词检查。从检查结果可以看出，大部分的违禁词是基于"容易对消费者产生误导"等条例进行标注的。因此，句易网提供的违禁词标注仅起到参考作用，用户需要仔细进行甄别。

3.3.11　智能文本检测

智能文本检测是由数美科技推出的智能文本检测产品。其基于先进的语义模型和多种语种样本，为各种不同场景的文本提供敏感词、违禁信息、暴力恐怖信息、广告导流等内容的识别，帮助文本内容优化。图 3-29 所示为智能文本检测平台的详细功能介绍。

智能文本检测的使用方法非常简单，用户只需输入要检测的内容，单击"开始检测"按钮，即可查看文本检测结果，如图 3-30 所示。

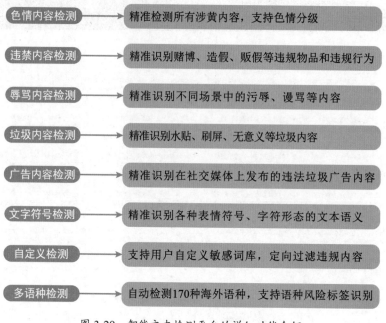

色情内容检测	→	精准检测所有涉黄内容，支持色情分级
违禁内容检测	→	精准识别赌博、造假、贩假等违规物品和违规行为
辱骂内容检测	→	精准识别不同场景中的污辱、谩骂等内容
垃圾内容检测	→	精准识别水贴、刷屏、无意义等垃圾内容
广告内容检测	→	精准识别在社交媒体上发布的违法垃圾广告内容
文字符号检测	→	精准识别各种表情符号、字符形态的文本语义
自定义检测	→	支持用户自定义敏感词库，定向过滤违规内容
多语种检测	→	自动检测170种海外语种，支持语种风险标签识别

图 3-29 智能文本检测平台的详细功能介绍

这是一款独特而精致的香薰产品。它采用天然植物提取的精油，散发出迷人的花香，为您营造一个舒适、宁静的环境。每一支蜡烛都由手工制作，烛芯采用100%棉芯，燃烧时间长久而稳定。无论是用于家庭装饰、浪漫约会还是放松身心，这款蜡烛都能为您带来独特的体验。它的包装精美，也是送礼的理想选择。点燃一支，让香气与温暖充盈您的生活。

通过：检测内容为正常

+ 随机添加文本   再次检测

图 3-30 查看文本检测结果

用户可以根据文本监测结果来判断内容是否正常，如果出现违规内容，则需要根据提示进行调整。

3.3.12 智能改写工具

智能改写工具是帮助用户进行内容创作、文本撰写的 AI 产品，其主要的用途是文本扩写、问答营销和文章生成，能够让用户提高创作内容的效率。智能改写工具划分了关键词排名、词库搜索、文案生成、智能改写、引流助手等多个模块，其中智能改写模块主要的作用是对文本的原创度进行检测。图 3-31 所示为智能改写工具进行 AI 编辑与原创度检测的示例。

除了 AI 编辑与原创度检测之外，用户还可以借助智能改写工具对输入的内容进行调整。例如，用户对内容进行 AI 编辑与原创度检测之后，单击"一键智能改写"按钮，会弹出"一键改写模型选择"对话框，单击对应模型右侧的"选用该模型改写"按钮（如图 3-32 所示），并单击 AI 编辑与原创度检测下发的"完成并输出内容"按钮，即可查看输入的内容和智能改写后的内容，如图 3-33 所示。

图 3-31　智能改写工具进行 AI 编辑与原创度检测的示例

图 3-32　单击对应模型右侧的"选用该模型改写"按钮

图 3-33　查看输入的内容和智能改写后的内容

第4章

What：AI 绘画是用哪些软件来绘制

新手重点索引

　　■ 最火的软件：Midjourney　　　　■ AI 绘画的其他工具软件

效果图片欣赏

4.1 最火的软件：Midjourney

使用 Midjourney 绘画非常简单，具体取决于用户使用的关键词。当然，如果用户要创建高质量的 AI 绘画作品，则需要大量的训练数据、计算能力和对艺术设计的深入了解。因此，虽然 Midjourney 的操作可能相对简单，但要创造出独特、令人印象深刻的艺术作品仍需要不断探索、尝试和创新。本节将介绍一些基本绘画技巧，帮助大家快速掌握 Midjourney 的操作方法。

4.1.1 使用文字完成绘画

Midjourney 主要是使用文本指令和关键词来完成绘画操作的，尽量输入英文关键词，对英文单词的首字母大小写没有要求。下面介绍具体的操作方法。

	素材文件	无
	效果文件	效果 \ 第 4 章 \4.1.1 使用文字完成绘画（1）～（4）.png
	视频文件	视频 \ 第 4 章 \4.1.1 使用文字完成绘画 .mp4

【操练 + 视频】
——使用文字完成绘画

STEP 01 在 Midjourney 窗口下面的输入框内输入 /（正斜杠符号），在弹出的列表框中选择 / imagine（想象）指令，如图 4-1 所示。

STEP 02 在 /imagine 指令右侧的文本框中输入关键词 "A cute furry little dog is chasing a red ball on the green grass"（大意为：一只可爱的毛茸茸的小狗在青草地上追逐着一个红色的小球），如图 4-2 所示。

STEP 03 按 Enter 键确认，即可看到 Midjourney Bot 已经开始工作了，如图 4-3 所示。

图 4-1　选择 /imagine 指令

图 4-2　输入关键词

图 4-3　Midjourney Bot 开始工作

STEP 04 稍等片刻，Midjourney 将生成 4 张对应的图片，如图 4-4 所示。

图 4-4　生成 4 张对应的图片

4.1.2　使用 U 按钮调整绘画

使用 Midjourney 生成的图片下方的 U 按钮可以放大所选中图的细节，生成单张的大图效果。

如果用户对于 4 张图片中的某张图片感到满意，可以使用 U1 ～ U4 按钮进行选择，并在相应图片的基础上进行更加精细的刻画。下面介绍具体的操作方法。

	素材文件	无
	效果文件	效果 \ 第 4 章 \4.1.2　使用 U 按钮调整绘画（1）～（4）.png
	视频文件	视频 \ 第 4 章 \4.1.2　使用 U 按钮调整绘画 .mp4

【操练 + 视频】
——使用 U 按钮调整绘画

STEP 01 以 4.1.1 小节的效果为例，单击 U1 按钮，如图 4-5 所示。

STEP 02 执行操作后，使用 Midjourney 在第 1 张图片的基础上更加精细地刻画，并放大图片效果，如图 4-6 所示。

图 4-5　单击 U1 按钮

图 4-6　放大图片效果

STEP 03 单击 Make Variations（做出变更）的按钮，将以该张图片为模板，重新生成 4 张图片，如图 4-7 所示。

图 4-7　重新生成 4 张图片

STEP 04 单击 U3 按钮，放大第 3 张图片效果，如图 4-8 所示。

图 4-8　放大第 3 张图片效果

STEP 05 单击 ■（喜欢）按钮，可以标注喜欢的图片，如图 4-9 所示。

图 4-9　标注喜欢的图片

STEP 06 单击 Web（跳转到 Midjourney 的个人主页）按钮，弹出"等一下！"对话框，单击"嗯！"按钮，如图 4-10 所示。

图 4-10　单击"嗯！"按钮

STEP 07 执行操作后，进入 Midjourney 的个人主页，并显示生成的大图效果，单击 Save with prompt（保存并提示）按钮 ■，如图 4-11 所示，即可保存图片。

▶ 温馨提示

　　如果用户在进行本小节的操作之前，已经进入 Midjourney 的个人主页，那么系统将不会再弹出"等一下！"对话框。

图 4-11　单击 Save with prompt 按钮

4.1.3　使用 V 按钮调整绘画

使用 Midjourney 生成的图片效果下方的 V 按钮可以以所选的图片样式为模板重新生成 4 张图片，作用与 Make Variations 按钮类似。下面介绍具体的操作方法。

素材文件	无
效果文件	效果\第 4 章\4.1.3 使用 V 按钮调整绘画（1）～（4）.png
视频文件	视频\第 4 章\4.1.3　使用 V 按钮调整绘画 .mp4

【操练 + 视频】
——使用 V 按钮调整绘画

STEP 01 以 4.1.1 小节的效果为例，单击 V4 按钮，如图 4-12 所示。

STEP 02 执行操作后，Midjourney 将会以第 4 张图片为模板，重新生成 4 张图片，如图 4-13 所示。

图 4-12　单击 V4 按钮

图 4-13　重新生成 4 张图片

STEP 03 如果用户对于 Midjourney 重新生成的图片都不满意，可以单击 （循环）按钮，如图 4-14 所示。

STEP 04 执行操作后，Midjourney 会重新生成 4 张图片，如图 4-15 所示。

图 4-14　单击 🔄（循环）按钮

图 4-15　重新生成 4 张图片

4.1.4　获取图片关键词的方法

关键词也称为关键字、描述词、输入词、提示词或代码等，网上很多用户也将其称为"咒语"。在 Midjourney 中，用户可以使用 /describe（描述）指令获取图片的关键词。下面介绍优化关键词的操作方法。

	素材文件	素材 \ 第 4 章 \4.1.4　获取图片关键词的方法 .png
	效果文件	效果 \ 第 4 章 \4.1.4　获取图片关键词的方法（1）~（4）.png
	视频文件	视频 \ 第 4 章 \4.1.4　获取图片关键词的方法 .mp4

【操练＋视频】
——获取图片关键词的方法

STEP 01 在 Midjourney 窗口下面的输入框内输入 /，在弹出的列表框中选择 /describe 指令，如图 4-16 所示。

STEP 02 执行上述操作后，单击上传按钮 ⬆，如图 4-17 所示。

图 4-16　选择 /describe 指令

图 4-17　单击上传按钮

STEP 03 在弹出的"打开"对话框中，选择相应的图片，如图 4-18 所示。

STEP 04 单击"打开"按钮，将图片添加到 Midjourney 的输入框中，如图 4-19 所示。按 Enter 键确认。

图 4-18　选择相应的图片

图 4-19　添加到 Midjourney 的输入框

STEP 05 执行操作后，Midjourney 会根据用户上传的图片生成 4 段关键词，如图 4-20 所示。用户可以通过复制关键词或单击 1 ～ 4 按钮，以该图片为模板生成新的图片效果。

STEP 06 例如，复制第 1 段关键词，通过 /imagine 指令生成 4 张新的图片，效果如图 4-21 所示。

图 4-20　生成 4 段关键词内容

图 4-21　生成 4 张新的图片

4.1.5　将图片混合进行绘画

在 Midjourney 中，用户可以使用 /blend（混合）指令快速上传 2 ～ 5 张图片，然后查看每张图片的特征，并将它们混合成一张新的图片。下面介绍具体的操作方法。

	素材文件	素材 \ 第 4 章 \4.1.5　将图片混合进行绘画（1）、（2）.png
	效果文件	效果 \ 第 4 章 \4.1.5　将图片混合进行绘画 .png
	视频文件	视频 \ 第 4 章 \4.1.5　将图片混合进行绘画 . mp4

【操练＋视频】
——将图片混合进行绘画

STEP 01　在 Midjourney 窗口下面的输入框内输入 /，在弹出的列表框中选择 /blend 指令，如图 4-22 所示。

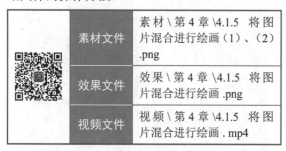

图 4-22　选择 /blend 指令

STEP 02　执行上述操作后，出现两个图片框，单击左侧的上传按钮，如图 4-23 所示。

STEP 03　在弹出的"打开"对话框中，选择相应的图片，如图 4-24 所示。

STEP 04　单击"打开"按钮，将图片添加到左侧的图片框中，并用同样的操作方法再次添加一张

图片，如图 4-25 所示。

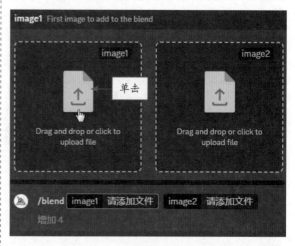

图 4-23　单击上传按钮

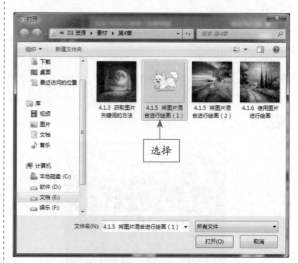

图 4-24　选择相应的图片

图 4-25　添加两张图片

STEP 05 连续按两次 Enter 键，Midjourney 会自动完成图片的混合操作，并生成 4 张新的图片，这是没有添加任何关键词的效果，如图 4-26 所示。

图 4-26　生成 4 张新的图片

STEP 06 单击 U1 按钮，放大第 1 张图片效果，如图 4-27 所示。

图 4-27　放大第 1 张图片效果

▶ **温馨提示**

　　输入 /blend 指令后，系统会提示用户上传两张图片。要添加更多图片，可选择 optional/options（可选的 / 选项）字段，然后选择 image（图片）3、image4 或 image5 字段添加对应数量的图片。

STEP 07 单击图片显示大图效果，单击"在浏览器中打开"链接，如图 4-28 所示。

图 4-28　单击"在浏览器中打开"链接

STEP 08 浏览器中会出现一个新的窗口，并在该窗口中单独显示该图片，效果如图 4-29 所示。

图 4-29　在新窗口中单独显示图片

4.1.6 使用图片进行绘画

Midjourney 可以根据用户的指令自动绘制图像，然而要想让 Midjourney 更高效地出图，以图生图功能必不可少。通过给 Midjourney 一张参考图片的方式，可以让 Midjourney 从图片中补齐必要的风格或特征等信息，以便生成的图片更符合我们的预期。接下来向用户介绍使用图片进行绘画的操作方法。

素材文件	素材 \ 第 4 章 \4.1.6　使用图片进行绘画 .png
效果文件	效果 \ 第 4 章 \4.1.6　使用图片进行绘画（1）～（4）.png
视频文件	视频 \ 第 4 章 \4.1.6　使用图片进行绘画 .mp4

【操练＋视频】
——使用图片进行绘画

STEP 01 通过浏览器的方式打开一张图片，如图 4-30 所示。将图片的浏览器地址链接复制下来。

图 4-30　通过浏览器的方式打开一张图片

STEP 02 返回 Midjourney 窗口，在下面的输入框内输入 /（正斜杠符号），在弹出的列表框中选择 /imagine（想象）指令，将刚刚复制的图片链接粘贴到指令的后面，如图 4-31 所示。

图 4-31　粘贴图片链接

STEP 03 在图片链接后面加上画面描述、风格信息以及排除内容，例如 Oil painting effect（油画效果）、Houses、trees and roads（房屋、树木和道路）、--no text（排除画面文本）。按 Enter 键确认，Midjourney 会自动生成 4 张对应的图片，如图 4-32 所示。

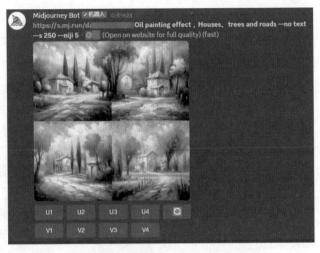

图 4-32　使用 Midjourney 以图生图

4.2　AI 绘画的其他工具软件

如今，AI 绘画的工具软件非常多，用户可以根据自己的需求选择合适的工具软件进行绘画创作。本节将介绍 9 个比较常见的 AI 绘画工具软件。

4.2.1　文心一格

文心一格是由百度飞桨推出的一个 AI 艺术和创意辅助平台，利用飞桨的深度学习技术，可以快速生成高质量的图像和艺术品，提高创作效率和创意水平，特别适合需要频繁进行艺术创作的人群，如艺术家、设计师和广告从业者等。图 4-33 所示为使用文心一格绘制的作品。

图 4-33　使用文心一格绘制的作品

文心一格平台可以实现以下功能。

（1）自动画像：用户可以上传一张图片，然后使用文心一格平台提供的自动画像功能，将其转换为艺术风格的图片。文心一格平台支持多种艺术风格，如二次元、漫画、插画和像素艺术等。

（2）智能生成：用户可以使用文心一格平台提供的智能生成功能，生成各种类型的图像和艺术作品。文心一格平台使用深度学习技术，能够自动学习用户的创意（即关键词）和风格，生成相应的图像和艺术作品。

（3）优化创作：文心一格平台可以根据用户的创意和需求，对图像和艺术品进行优化和改进。用户只需要输入自己的想法，文心一格平台就可以自动分析和优化相应的图像和艺术作品。

4.2.2 ERNIE-ViLG

ERNIE-ViLG 是由百度文心大模型推出的一个 AI 绘画平台，采用基于知识增强算法的混合降噪专家建模，在 MS-COCO（文本生成图像公开权威评测集）和人工盲评上均超越了 Stable Diffusion、DALL-E 2 等模型，并在语义可控性、图像清晰度、中国文化理解等方面展现出了显著优势。

ERNIE-ViLG 通过视觉、语言等多源知识指引扩散模型学习，强化文图生成扩散模型对于语义的精确理解，以提升生成图像的可控性和语义一致性。

同时，ERNIE-ViLG 引入基于混合降噪专家模型来提升模型建模能力，让模型在不同的生成阶段选择不同的降噪专家网络，从而实现

更加细致的降噪任务建模，提升生成图像的质量。图 4-34 所示为 ERNIE-ViLG 生成的模型效果。

图 4-34　ERNIE-ViLG 生成的模型效果

另外，ERNIE-ViLG 使用多模态的学习方法，融合了视觉和语言信息，可以根据用户的描述或问题，生成符合要求的图像。同时，ERNIE-ViLG 还采用了先进的生成对抗网络技术，可以生成具有高保真度和多样性的图像，并在多个视觉任务上取得了出色的表现。

4.2.3　造梦日记

造梦日记是一个基于 AI 算法生成高质量图片的平台，用户可以输入任何"梦中的画面"描述词，比如一段文字描述（一个实物或一个场景）、一首诗、一句歌词等，该平台都可以帮用户成功"造梦"，其功能界面如图 4-35 所示。

图 4-35　造梦日记的功能界面

4.2.4　AI 文字作画

AI 文字作画是由百度智能云智能创作平台推出的一个图片创作工具，能够基于用户输入的文本内容智能生成不限风格的图像，如图 4-36 所示。通过 AI 文字作画工具，用户只需简单输入一句话，AI 就能根据语境给出不同的作品。

图 4-36　AI 文字作画生成的图像

4.2.5　意间 AI 绘画

意间 AI 绘画是一个全中文的 AI 绘画小程序，支持经典风格、动漫风格、写实风格、写意风格等绘画风格，如图 4-37 所示。使用意间 AI 绘画小程序不仅能够帮助用户节省创作时间，还能够激发用户创作灵感，生成更多优质的 AI 画作。

总之，意间 AI 绘画是一个非常实用的手机绘画小程序，它会根据用户的关键词、参考图、风格偏好创作精彩作品，让用户体验到手机 AI 绘画的便捷性。

4.2.6　无界版图

无界版图是一个数字版权在线拍卖平台，依托区块链技术在资产确权、拍卖方面的优势，全面整合全球优质艺术资源，致力于为艺术家、创作者提供数字作品的版权登记、保护、使用与拍卖等一整套解决方案。

同时，无界版图还有强大的"无界 AI-AI 创作"功能，用户可以选择二次元模型、通用模型或色彩模型，然后输入相应的画面描述词，并设置合适的画面大小和分辨率，即可生成画作。图 4-38 所示为无界版图的"无界 AI-AI 创作"功能。

图 4-37　意间 AI 绘画小程序的 AI 绘画功能

图 4-38　无界版图的"无界 AI-AI 创作"功能

4.2.7　artbreeder

　　artbreeder 允许用户使用人工智能生成的模型创建各种类型的图像效果，它采用了一种生成对抗网络的机器学习技术，能够根据用户输入的关键词和偏好来创建图像，如图 4-39 所示。

图 4-39　artbreeder 生成的图像

　　用户可以从基本图像开始，然后使用滑块调整各种特征，如面部特征、背景和颜色等。当用户进行调整时，人工智能会根据关键词生成新的图像，从而帮助用户创建出独特和个性化的 AI 画作。

4.2.8　Stable Diffusion

　　Stable Diffusion 是一个基于人工智能技术的绘画工具，支持一系列自定义功能，可以根据用户的需求调整颜色、笔触、图层等参数，从而帮助艺术家和设计师创建独特、高质量的艺术作品。与传统的绘画工具不同，Stable Diffusion 可以自动控制颜色、线条和纹理的分布，从而创建出细腻、逼真的画作，如图 4-40 所示。

图 4-40　Stable Diffusion 生成的画作

图 4-40　Stable Diffusion 生成的画作（续）

4.2.9　DEEP DREAM GENERATOR

DEEP DREAM GENERATOR 是一款使用人工智能技术来生成艺术风格图像的在线工具。它使用卷积神经网络算法来生成图像，这种算法可以学习一些特定的图像特征，并利用这些特征来创建新的图像，如图 4-41 所示。

图 4-41　DEEP DREAM GENERATOR 生成的图像

DEEP DREAM GENERATOR 的使用方法非常简单，用户只需要上传一张图像，然后选择想要的艺术风格和生成的图像大小。接下来，DEEP DREAM GENERATOR 将使用卷积神经网络对用户的图像进行处理，并生成一张新的艺术风格图像。同时，用户还可以通过调整不同的参数来控制生成的图像的细节和外观。

DEEP DREAM GENERATOR 可以生成各种类型的图像，包括抽象艺术、幻想风景、人像等。DEEP DREAM GENERATOR 生成的图像可以下载到用户的计算机上，并在社交媒体上与其他人分享。需要注意的是，该工具生成的图像可能受到版权法的限制，因此用户应确保自己拥有上传图像的版权或获得了授权。

第5章

Word：运用 ChatGPT 生成文案

章前知识导读

使用 ChatGPT 模型可以生成自然流畅的文案，ChatGPT 的文案生成能力是通过大规模数据训练和模型架构的优化来实现的，它可以用于 AI 绘画输入内容的创作。本章就来讲解运用 ChatGPT 生成文案的相关知识。

新手重点索引

- 快速了解 ChatGPT
- ChatGPT 的关键词提问技巧
- 多种文案或内容的生成方法
- ChatGPT 的使用方法
- ChatGPT 生成文案的步骤

效果图片欣赏

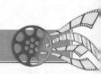

5.1 快速了解 ChatGPT

ChatGPT 是一个基于 GPT（Generative Pre-trained Transformer）的聊天型 AI 模型。GPT 是一种使用深度学习技术进行预训练的自然语言处理模型，由 OpenAI 开发，通过预训练学习大规模文本数据的语言含义和语言规则，能够生成连贯且具备上下文的文本回复。本节将具体介绍 ChatGPT 的相关知识。

5.1.1 ChatGPT 的发展史

ChatGPT 的发展离不开深度学习和自然语言处理技术的不断进步，这些技术的发展使得机器可以更好地理解人类语言，并且能够进行更加精准和智能的回复，然后在特定任务上进行微调，以适用应用的需求。这种预训练微调的方法在自然语言处理领域取得了显著的突破，为后续的研究和发展奠定了基础。

随着技术的进步和应用场景的扩展，GPT 不断得到升级和改进。OpenAI 在 2023 年推出了 GPT-4 模型，这是一个巨大的突破，是 OpenAI 算法里程碑的代表作，为多模态大型语言模型。GPT-4 模型的技术基础是上一代模型 GPT-3，它可以支持文字和图片的输入，以及输出文字内容。GPT-4 的回答准确性不仅大幅提高，还具备更高水平的识图能力，且能够生成歌词和创意文本，实现风格变化。此外，GPT-4 的文字输入限制也提升至 2.5 万字，且对于英语以外的语种有了更多的优化。

ChatGPT 为人类提供了一种全新的交流方式，从最早的 GPT 模型到 ChatGPT 和 GPT-4，OpenAI 在自然语言处理领域取得了重要的突破，并不断努力提升模型的能力，以更好地服务于人类的交互需求。

5.1.2 ChatGPT 的自然语言处理

ChatGPT 采用深度学习技术，通过学习和处理大量的语言数据集，从而具备了自然语言理解和生成的能力。自然语言处理（Natural Language Processing，NLP）是计算机科学与人工智能交叉的一个领域，致力于研究计算机如何理解、处理和生成自然语言，是人工智能领域的一个重要分支，其发展历史可以追溯到 20 世纪 50 年代。

20 世纪 50 年代，研究者开始尝试使用计算机来理解自然语言，早期的工作主要集中在语言翻译和语言分析上，主要是采用基于规则的方法。随着机器学习等技术的发展，研究者开始使用基于统计的方法进行自然语言处理。这种方法基于大量语言资料库数据进行训练，学习语言的统计规律和模型，然后使用这些模型来完成语言分析和翻译等任务。

到了 20 世纪 80 年代，随着神经网络技术的发展，研究者开始将神经网络技术应用于自然语言处理领域。利用神经网络的强大表现力，能够更好地捕捉复合性语言。除此之外，还出现了一些新的自然语言处理任务，如情感分析、文本分类和信息提取等。

如今，随着互联网和社交媒体等技术的兴起，自然语言处理面临更多的挑战和机遇。通过在大规模模型上进行预训练，计算机能够学习到更丰富的语言含义和语言知识，提取文本的语义和结构信息，从而让文本理解和生成变得更高效、准确，实现人机交互的自然语言处理。

总之，自然语言处理的发展经历了从基于规则的方法到基于统计的方法，再到基于神经网络的方法三个阶段，每个阶段都有其特点和局限性，而且也不断面临着新的挑战和机遇，未来随着技术的不断进步和应用场景的不断拓展，自然语言处理也将会迎来更加广阔的发展前景。

5.1.3　ChatGPT 的产品模式

ChatGPT 是一个基于大规模语言模型的产品，可以与用户进行对话，并提供各种与语言相关的功能和服务，它的产品模式主要是提供自然语言生成和理解的服务。ChatGPT 的产品模式包括以下两个方面。

（1）API 接口服务：ChatGPT 可以提供 API 接口服务，供开发者或企业集成到自己的产品或服务中，实现智能客服、聊天机器人和文本摘要等功能。

（2）自研产品：ChatGPT 作为自研产品，可以用于智能客服、聊天机器人、语音识别、文本摘要、文章生成以及语言翻译等多种应用场景，以满足用户对智能交互的需求。

> **温馨提示**
>
> API（Application Programming Interface，应用程序编程接口）接口服务是一种提供给其他应用程序访问和使用的软件接口。在人工智能领域，开发者或企业可以通过 API 接口服务将自然语言处理或计算机视觉等技术集成到自己的产品或服务中，以提供更智能的功能和服务。

总之，ChatGPT 的产品模式是基于其强大的自然语言生成能力，为各种应用场景提供定制化的自然语言处理服务，无论是提供 API 接口服务还是自研产品，ChatGPT 都需要不断进行优化，以提供更高效、更准确的服务，从而赢得用户的信任和认可。

5.2　ChatGPT 的使用方法

ChatGPT 以大量文本数据进行训练，是基于自然语言处理技术的，因此它可能无法在任何情况下都能提供完全准确的答案。但是，随着时间的推移，ChatGPT 会不断地学习和改进，变得更加智能和准确。

本节将介绍 ChatGPT 的一些使用方法，通过对这些基本使用方法的掌握，可以帮助用户更好地利用 ChatGPT 的强大功能。

5.2.1　ChatGPT 的基本用法

注册账号并登录 ChatGPT 后，打开 ChatGPT 的聊天窗口，即可开始进行对话，用户可以输入任何问题或话题，ChatGPT 将尝试回答并提供与输入内容有关的信息。下面介绍具体的操作方法。

素材文件	无
效果文件	效果 \ 第 5 章 \5.2.1 ChatGPT 的基本用法 .doc
视频文件	视频 \ 第 5 章 \5.2.1 ChatGPT 的基本用法 .mp4

【操练 + 视频】——ChatGPT 的基本用法

STEP 01 打开 ChatGPT，单击底部的输入框，如图 5-1 所示。

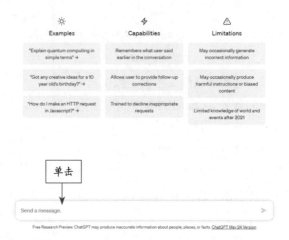

图 5-1　单击底部的输入框

STEP 02 输入相应的关键词，如输入"请用 150 字左右描述某个影视角色的外貌特点"，如图 5-2 所示。

图 5-2　输入相应的关键词

STEP 03 单击输入框右侧的发送按钮 ▷ 或按 Enter 键，ChatGPT 即可根据要求生成相应的内容，如图 5-3 所示。

> OU　请用150字左右描述某个影视角色的外貌特点

> 这个影视角色有一头浓密的黑色卷发，随意地散落在他的额头上。他有一双深邃的蓝色眼睛，透露出聪明和冷静的神情。他的脸部线条分明，有一张英俊的轮廓，略带棱角。他的高挺鼻梁给他的面部增添了一丝坚毅的气质。他修长的眉毛给他的表情增添了一丝神秘感。他的嘴唇轻启时展现出自信的微笑，但在某要关头也能显现出坚毅和决心。他的皮肤呈现出健康的亚麻色调，给他的外貌增添了一丝阳光和活力。总的来说，这个角色展现出了一种俊美而又不失坚毅和神秘的外貌特点。

图 5-3　ChatGPT 生成相应的内容

5.2.2　让 ChatGPT 生成图片

通常情况下，在使用 ChatGPT 时，只能生成文字内容，用户需要在后续润色的时候再通过其他编辑软件添加图片。

例如，在 ChatGPT 中输入"描述一下梧桐树下，并给我一张梧桐树下的图片"，生成的内容如图 5-4 所示。可以看到，虽然 ChatGPT 尝试调用网络中符合要求的图片，但图片无法显示出来。

> OU　描述一下梧桐树下，并给我一张梧桐树下的图片

> 梧桐树下是一个宜人的场所，充满了自然的魅力和宁静的氛围。当站在梧桐树下时，您会被高大的梧桐树所遮蔽，树冠茂密的枝叶形成了广阔的绿色天篷。阳光透过树叶的缝隙洒下斑驳的光影，营造出一片温暖而柔和的光景。梧桐树的叶子宽大而有光泽，夏季时为您提供了一片凉爽的树荫，提供了宝贵的遮阳空间。
>
> 梧桐树下的地面可能铺满了树叶，形成一层自然的地毯。您可以在这里感受到微风带来的清凉，听到树叶沙沙作响的声音，感受大自然的气息。梧桐树下也是鸟儿和小动物们的栖息地，您可以欣赏到鸟儿的歌唱和小动物们的欢快活动。
>
> 以下是一张梧桐树下的图片，展示了树冠茂密的梧桐树和在树下的一片静谧景象。
>
> 🖼梧桐树下的图片

图 5-4　图片无法显示的内容

我们可以用 Markdown（轻量级标记语言）以及 Unsplash（免费图库）来辅助完成。Unsplash 是一个免费高质量图片共享网站，图片可以商用。Markdown 是一种轻量级的标记语言，允许用户使用易读易写的纯文本格式编写文档，并通过一些简单的标记语法来实现文本的格式化。

在 ChatGPT 中输入文本格式化指令，如"接下来我会给你指令，生成相应的图片，我希望你用 Markdown 语言生成，不要用反引号，不要用代码框，你需要用 Unsplash API，遵循以下的格式：source.unsplash.com/1600x900/?< PUT YOUR QUERY HERE >。你明白了吗？"如图 5-5 所示。

> 接下来我会给你指令，生成相应的图片，我希望你用Markdown语言生成，不要用反引号，不要用代码框，你需要用Unsplash API，遵循以下的格式：source.unsplash.com/1600×900/?< PUT YOUR QUERY HERE >。你明白了吗？

> 是的，我明白了。请提供您想要生成的图片的指令和查询。我将使用Unsplash API，并根据您的要求生成相应的图片。请提供查询内容。

图 5-5　输入文本格式化指令后生成的内容

接下来将上面的关键词修改为"描述一下梧桐树下，并给我一张梧桐树下的图片，发送图片时请用 markdown 语言生成，不要反斜线，不要代码框，不要文字介绍"，即可获得图文并茂的文章内容，如图 5-6 所示。

> 描述一下梧桐树下，并给我一张梧桐树下的图片，发送图片时请用markdown语言生成，不要反斜线，不要代码框，不要文字介绍

> 梧桐树下是一个宜人的场所，充满了自然的魅力和宁静的氛围。当站在梧桐树下时，您会被高大的梧桐树所遮蔽，树冠茂密的枝叶形成了广阔的绿色天篷。阳光透过树叶的缝隙洒下斑驳的光影，营造出一片温暖而柔和的光景。梧桐树的叶子宽大而有光泽，夏季时为您提供了一片凉爽的树荫，提供了宝贵的遮阳空间。
>
> 以下是一张梧桐树下的图片，展示了树冠茂密的梧桐树和在树下的一片静谧景象。

图 5-6　图文并茂的文章内容

5.2.3　用 ChatGPT 进行模仿写作

ChatGPT 可以模仿各种平台或作者的写作风格，用户在输入关键词时，只需告诉 ChatGPT 要模仿的平台或作者的具体风格和特征，ChatGPT 就会尽可能地模仿他们的风格来写作。本节就来

介绍用 ChatGPT 模仿抖音和小红书进行写作的方法。

	素材文件	无
	效果文件	效果\第 5 章\5.2.3 用 Chat GPT 进行模仿写作（1）、（2）.doc
	视频文件	视频\第 5 章\5.2.3 用 Chat GPT 进行模仿写作 .mp4

【操练 + 视频】
——用 ChatGPT 进行模仿写作

1. 用 ChatGPT 模仿抖音进行写作

ChatGPT 可以直接模仿抖音的风格进行文案的写作，快速生成相关的内容。下面就来介绍具体的操作步骤。

STEP 01 在 ChatGPT 中输入"你知道抖音吗"，ChatGPT 给出的回答如图 5-7 所示。这一步的目的是为了让 ChatGPT 更好地定位文案的受众和风格。

> 你知道抖音吗

> 是的，我知道抖音。抖音是一款流行的短视频分享平台，允许用户创建、上传和观看15秒至60秒的短视频内容。抖音于2016年在中国发布，并在短时间内迅速走红。它提供了丰富多样的视频编辑工具和特效，用户可以通过添加音乐、滤镜、贴纸等元素来创作个性化的视频内容。抖音以其简洁易用的界面、丰富多样的内容和社交互动性而受到了广泛的欢迎和使用。它已经成为了许多人记录生活、展示才艺和发现有趣内容的平台。

图 5-7　"你知道抖音吗"的回答

STEP 02 在 ChatGPT 中输入"用抖音的内容风格撰写一篇 200 字的文章"，ChatGPT 即可根据抖音的内容风格来生成文章，如图 5-8 所示。

> 用抖音的内容风格撰写一篇200字的文章

> （以下是用抖音的内容风格撰写的一篇200字的文章）
>
> 【标题】我的快乐时刻：与朋友们的欢乐旅程
>
> Hey，大家好！今天要和你分享我和朋友们的一次超级欢乐旅程！😊
>
> 在一个晴朗的周末，我们决定去探索一座美丽的小镇。早上，我们充满期待地集结，准备踏上这个令人激动的冒险之旅。🚀
>
> 第一站，我们来到了一家传说中的餐厅，听说这里有一道特别美味的披萨。我们点了各种口味，雀跃的心情溢于言表。当披萨端上桌时，我们忍不住用手机拍下了这道美食的瞬间，真是让人垂涎欲滴！🍕

图 5-8　根据抖音的内容风格生成的文章

接着，我们前往一个风景如画的公园。在那里，我们迎接了温暖的阳光和清新的空气。我们快乐地跑来跑去，欢笑声回荡在整个公园。当然，我们不能错过在秋千上摇摆的机会，大家一个个都变成了"秋千高手"。这一刻，我们的笑容洋溢着纯真和快乐。☺

下午，我们去了一个古老的庙宇。在那里，我们一起品味着宁静和祥和。我们点燃了香，祈求幸福与健康，然后共同散步于庙宇的石板路上。每个转角都是一次发现，每一张照片都是珍贵的记忆。

这一天充满了欢声笑语、美食和美景，我们用抖音记录下了这些难忘的时刻。通过欢快的音乐和有趣的特效，我们把这段回忆变成了一段有趣的短视频。我们的快乐时刻被分享到了抖音平台上，成为了我们的美好见证。

和朋友们的欢乐旅程结束了，但回忆将永远留在我们的心中。这是一个让我们快乐的时刻，也是我们友谊的见证。我们相信，未来还有更多的快乐时刻等待着我们，我们会一直用抖音记录并分享我们的快乐。

这就是我和朋友们的欢乐旅程，希望你也能享受属于自己的快乐时

图 5-8　根据抖音的内容风格生成的文章（续）

需要注意的是，ChatGPT 提供的文案只是基于语言模型训练生成的，用户需要根据具体情况进行修改和优化，以符合特定的要求和标准。同时，使用 ChatGPT 进行文案写作时，用户也需要根据自己的经验和判断，进行适当的调整和改进，使文案有更高的创意性、准确性和可读性。

2. 用 ChatGPT 模仿小红书进行写作

下面再以小红书为例，看看如何让 ChatGPT 写小红书种草内容。

STEP 01 在 ChatGPT 中输入"你知道小红书吗"，ChatGPT 给出的回答如图 5-9 所示。这一步的目的同样是为了让 ChatGPT 更好地定位文案的受众和风格。

> 你知道小红书吗

> 是的，我知道小红书。小红书是一款知识分享和购物平台，最初在中国兴起，现已成为全球范围内的受欢迎应用。它的用户主要是年轻女性，提供了丰富的时尚、美妆、生活、旅行、美食等领域的内容。用户可以在小红书上发表笔记、评价和推荐商品、分享购物心得和生活经验，也可以从其他用户的推荐中获取灵感和购物建议。
>
> 小红书以其独特的社交和购物功能而受到用户的喜爱。用户可以在平台上关注其他用户，并通过点赞、评论和私信进行互动。此外，小红书也提供了方便的购物功能，用户可以直接在平台上购买他们感兴趣的商品，并查看其他用户对商品的评价和使用心得。
>
> 小红书致力于为用户提供个性化、可信赖的内容和购物体验。通过用户生成的内容和社区的力量，它为用户打造了一个互相交流、分享经验和发现新事物的社交平台。无论是寻找时尚灵感、购买心仪商品还是了解各种生活技巧，小红书都成为了用户们的重要参考和伙伴。

图 5-9　"你知道小红书吗"的回答

STEP 02 在 ChatGPT 中输入"小红书的种草内容有哪些特点"，ChatGPT 给出的回答如图 5-10 所示，可以看到 ChatGPT 列出了小红书种草内容的要点。

> 小红书的种草内容有哪些特点

> 小红书的种草内容具有以下几个特点：
>
> 1. 用户分享心得：小红书的种草内容主要来自用户的真实体验和分享。用户可以发布详细的产品评测、心得笔记、使用技巧等内容，让其他用户了解产品的优缺点、适用情况和实际效果。
> 2. 视频和图片展示：种草内容通常会以精美的图片和生动的视频形式呈现。用户可以通过上传高质量的图片和有趣的视频，展示产品的外观、质感和使用效果，让其他用户更直观地感受产品的魅力。
> 3. 专业的领域知识：小红书上的种草内容往往具有一定的专业性。用户可能在特定领域有丰富的知识和经验，能够提供专业的产品推荐和使用建议。这些种草内容涵盖了时尚、美妆、健康、生活用品等多个领域。
> 4. 用户互动和社区反馈：小红书鼓励用户之间的互动和交流。用户可以通过点赞、评论、转发等方式表达对种草内容的喜爱或提出问题。这种社区反馈和互动促进了用户之间的信息交流和分享。
> 5. 丰富的购买链接：在小红书的种草内容中，用户通常会提供直接的购买链接或推荐购买渠道，方便其他用户快速获取感兴趣的产品。
>
> 总的来说，小红书的种草内容以用户的真实分享为基础，注重视觉展示、专业知识和用户互动。通过这些特点，小红书为用户提供了一个获取产品信息、寻找灵感和做出购买决策的平台。

图 5-10　"小红书的种草内容有哪些特点"的回答

STEP 03 在 ChatGPT 中输入"用小红书的内容风格撰写一篇 200 字的种草内容"，ChatGPT 即可根据小红书的内容风格来生成相应的内容，如图 5-11 所示。

> 用小红书的内容风格撰写一篇200字的种草内容

> 【标题】小红书种草推荐：轻盈保湿的夏日面霜
>
> Hey，小伙伴们！今天我要给大家种草一款适合夏日的面霜，绝对是夏日护肤的救星！☀
>
> 这款面霜是我最近在小红书上发现的，它的名字叫做"水润轻透保湿面霜"，真的是太适合夏天的护肤品了！❀
>
> 首先，这款面霜的质地超级轻盈，一抹就能够迅速吸收，不会给肌肤带来油腻感。夏天容易出油的小伙伴们绝对会喜欢它的清爽质感。涂抹在脸上后，肌肤瞬间变得水润滋润，仿佛喝了一口清泉般清爽！●
>
> 而且，这款面霜的保湿效果真的棒棒哒！它含有丰富的保湿成分，能够迅速补充肌肤的水分，让肌肤整天都保持水润状态。夏天容易因为阳光和空调而导致肌肤干燥的问题，但使用这款面霜后，我的肌肤明显感觉到了滋润和舒适。✦
>
> 最重要的是，这款面霜还具有一定的抗氧化和修复肌肤的功效。它含有多种植物提取物和抗氧化成分，可以帮助肌肤抵御环境污染和紫外线的侵害，同时修复受损的肌肤，让肌肤更加健康有光泽。✹
>
> 如果你也正在寻找一款夏日轻盈保湿的面霜，那我强烈推荐你试试这款"水润轻透保湿面霜"。相信你会像我一样爱不释手！赶快行动起来吧，让你的肌肤在夏天焕发水润光彩！♥
>
> 以上就是我的小红书种草推荐，希望能够帮到你，记得给我点赞和评论哦！如果你已经使用过这款面霜，也欢迎分享你的使用心得和感受。让我们一起拥有水润透亮的夏日肌肤吧！

图 5-11　根据小红书的内容风格生成的内容

> **温馨提示**
>
> 借助 ChatGPT 的模仿功能进行写作之后，用户可以选择写作内容中的关键词进行 AI 绘画，为写作内容配图。

5.2.4　ChatGPT 的关键词使用技巧

通过 ChatGPT 使用特定的关键词，可以让生成的内容更符合用户的需求。同时，用户也可以从生成内容中提炼关键词进行 AI 绘画操作。

用户只需提供与主题相关的关键词，即可让 ChatGPT 更好地理解需求。例如，在 ChatGPT 中输入“假设你是唐代的一名说书人，试用第一人称撰写一则笑话，描述自己经历的趣事”，ChatGPT 即可根据关键词生成一则笑话，如图 5-12 所示。

假设你是唐代的一名说书人，试用第一人称撰写一则笑话，描述自己经历的趣事

我是一名唐代的说书人，经历了一则令人捧腹大笑的趣事，现在我将用第一人称方式向大家讲述。

有一天，我来到一个小村庄，准备给村民们讲故事。村民们热情洋溢地聚集在一起，期待着我即将开始的表演。

我开始讲述一个搞笑的故事，让村民们哈哈大笑。正当我引人入胜地描述故事情节时，突然间，一只小鸡飞了进来！

小鸡欢快地在人群中跑来跑去，引起了大家的注意。我忍不住笑了起来，大声说道：“看来这只小鸡也想听我的故事！”

村民们纷纷哈哈大笑，纷纷与小鸡互动起来。有人拿起玉米逗弄着小鸡，有人摸摸它的羽毛，整个场面顿时热闹非凡。

我趁机继续我的故事，把小鸡当作了一个角色，将它融入了故事情节中，引发了更多的欢笑和惊喜。

这个意外的趣事让整个表演更加生动有趣，也成为了村民们长久以来的回忆。大家在欢声笑语中度过了愉快的时光。

这次经历让我深刻地感受到，幽默和意外的元素能够给人们带来欢乐，即使在讲故事的过程中也可以有意想不到的惊喜。

如此一来，我不仅成为了村民们眼中的好笑故事，更成为了他们心中的欢乐使者。

图 5-12　用 ChatGPT 生成一则笑话

除了使用特定的关键词外，还可以提供特定的场景和需要用到的关联词。例如，给 ChatGPT 的场景为“你在逛街的时候”，同时给出关联词“看见前面一个阿姨的钱包掉到了地上，于是你捡起钱包，追上这个阿姨，将钱包还给了她。我的要求是‘以上述剧情描写一段故事’”。ChatGPT 即可根据这些关键词生成一篇完整的故事，如图 5-13 所示。

你在逛街的时候，看见前面一个阿姨的钱包掉到了地上，于是你捡起钱包，追上这个阿姨，将钱包还给了她。我的要求是'以上述剧情描写一段故事'"

在我逛街的时候，眼前的一幕让我忍不住停下脚步。前方一个阿姨匆匆走过，却不经意间掉落了钱包。我立即反应过来，心里想着这可是别人的财物，不能袖手旁观。

我迅速弯腰捡起钱包，急忙追上那个阿姨。她看到我追了上来，惊讶地望着我手中的钱包。我微笑着说：“阿姨，您的钱包掉了。”

阿姨愣了一下，然后欣喜地接过钱包，紧紧抱在怀里。她感激地看着我，说：“谢谢你，年轻人。你真是个好心人。”

我笑着摇摇头，说：“这是应该的，我只是做了一件再普通不过的事情。”看着阿姨的笑脸，我感受到了一种内心的满足和喜悦。

阿姨向我道别后，我继续走在街道上。这个小小的善举给了我一份愉快的心情，也让我明白了一件事——善良和关爱并不需要太多的努力，它们蕴藏在我们每个人的内心深处。

我继续走着，目光投向街道两旁。或许，在这个繁忙的世界里，每个人都能从微小的善举中感受到一份温暖，让这个世界变得更加美好。

图 5-13　用 ChatGPT 生成一篇完整的故事

5.2.5　ChatGPT 的高质量提问结构

同样都是使用 ChatGPT 生成的答案，无效提问和有效提问获得的答案质量有天壤之别。下面就来介绍 ChatGPT 的高质量提问结构。

	素材文件	无
	效果文件	效果 \ 第 5 章 \5.2.5 ChatGPT 的高质量提问结构 .doc
	视频文件	视频 \ 第 5 章 \5.2.5 ChatGPT 的高质量提问结构 .mp4

【操练 + 视频】
——ChatGPT 的高质量提问结构

STEP 01 首先来看一个无效的提问案例。在 ChatGPT 中输入“我要绘制一幅漫画，请给我一些建议”，ChatGPT 的回答如图 5-14 所示。可以看到，推荐的结果跟百度搜索的结果没有太大的区别。

STEP 02 接下来分析有效的提问方法。在 ChatGPT 中输入“我要绘制一幅漫画；请你作为一名资深的漫画师，给出具体的绘制内容；我希望操作简单，不需要进行长时间的学习；另外，请写出绘制的配色方案”，ChatGPT 的回答如图 5-15 所示。

我要绘制一幅漫画，请给我一些建议

当你绘制漫画时，以下是一些建议：

1. 角色设计：为每个角色创造独特的外观和特点，包括服装、发型、身体比例等。确保角色的外貌与他们的性格和角色背景相符。
2. 姿势与动态：给角色选择生动的姿势和动作，以增强场景的表现力。运用线条和姿态传达情感和动态感。
3. 面部表情：面部表情是漫画角色传达情感和表达意图的重要元素。练习绘制不同的表情，从微笑到愤怒，使角色更加生动。
4. 背景与场景：创造适合故事情节和角色的背景和场景。通过细节和配色方案，营造出与角色氛围相配的背景环境。
5. 剧构图与布局：构思每一幅画面的构图和布局。运用对比、重点和透视来引导读者的目光，使画面更具吸引力和流畅性。
6. 增加细节：细节能够丰富画面，提供更多的故事信息和视觉趣味。添加背景细节、服装纹理和图案等，使画面更加丰富。
7. 用色技巧：选择适合场景和情感的色彩方案。运用明暗对比和色彩饱和度来创造画面的氛围和情绪。
8. 练习与实践：绘制漫画需要不断练习和实践。持续绘画，观察他人的作品，并从中吸取灵感和技巧。

最重要的是保持创造力和享受过程。通过不断的实践和尝试，你将不断提升自己的漫画绘画技巧。祝你绘画愉快！

图 5-14　无效的提问案例

我要绘制一幅漫画；请你作为一名资深的漫画师，给出具体的绘制内容；我希望操作简单，不需要进行长时间的学习；另外，请写出绘制的配色方案

作为一名资深的漫画师，我可以给你一个简单的绘制内容和配色方案：

绘制内容：一个可爱的小动物角色，在一个花园里探险。

1. 绘制角色：选择一个简单的小动物形象，比如一只小兔子、小猫咪或小松鼠。确保角色有简单的线条和基本的形状，容易绘制和识别。
2. 花园背景：在画布的底部绘制一条平行的曲线，表示地面。绘制几棵简单的花朵、树木和草坪，营造出一个温暖、有生气的花园背景。
3. 简单的细节：为角色和背景添加一些简单的细节，比如小动物的眼睛、耳朵、尾巴，花朵的花瓣等。不需要过多的细节，保持简洁和可识别性。
光，使画面更具吸引力和流畅性。

配色方案：

• 角色：选择鲜艳的颜色，比如橙色、黄色或淡粉色，使角色更加可爱和引人注目。
• 花园背景：使用自然、柔和的颜色，如浅绿色或淡蓝色，以突出花园的宁静和生机。

注意：在配色方案中，避免使用太多明亮和对比强烈的颜色，以免干扰角色和背景之间的平衡。

这个绘制内容和配色方案简单易行，适合初学者或希望进行简单练习的人。尽情发挥你的创造力，享受绘画的过程吧！

图 5-15　有效的提问案例

上面这个提问案例就是采用了"交代背景＋赋予身份＋给出需求＋意见补充"的提问结构，基本上能够帮助我们解决大部分的绘图问题。

5.2.6　让 ChatGPT 的回答更加灵活

通常情况下，ChatGPT 生成的文案虽然非常严谨，但略显死板、单调。要想让 ChatGPT 的回答更灵活，用户可以在关键词的结尾加上这条指令：Please generate the answer at x 或 use a temperature of x（请用 x 的温度生成答案）。下面通过实操对比一下。

素材文件	无
效果文件	效果 \ 第 5 章 \5.2.6 让 Chat GPT 的回答更加灵活 .doc
视频文件	视频 \ 第 5 章 \5.2.6 让 Chat GPT 的回答更加灵活 .mp4

【操练＋视频】
——让 ChatGPT 的回答更加灵活

STEP 01　首先在 ChatGPT 中输入"请写一段关于老虎的描述"，没有添加温度指令，生成的答案如图 5-16 所示。

请写一段关于老虎的描述

老虎，作为草原和森林中的霸主，展现出无与伦比的力量和威严。它的鬃毛呈现出一种深邃的橙黄色，融合着黑色的条纹，给人一种独特而引人注目的外观。

当一只成年老虎昂首走时，它的步伐稳健而有力，肌肉线条展现出令人艳羡的优美轮廓。它散发着一种威严的气息，体现出作为自然界顶级捕食者的统治地位。

老虎的眼神炯炯有神，瞳孔中闪烁着锐利而冷静的光芒。这对于它们在茂密的丛林中猎食是至关重要的，因为它们凭借敏锐的视觉和强大的力量，能以惊人的速度追猎猎物。

虽然老虎通常被描绘为凶猛的捕食者，但它们也展现出家庭观念和社交行为。母虎温柔地照顾幼崽，教导它们捕猎技巧和生存技能。这种亲情的表达使老虎更加具有温暖和令人感动的一面。

然而，老虎面临着严重的威胁，栖息地的破坏和非法狩猎导致它们的数量锐减。我们必须意识到保护老虎的重要性，采取行动来保护它们的栖息地并遏制非法猎杀的行为，以确保这些壮丽而神秘的动物在未来继续繁衍生息。

老虎是大自然的宝贵财富，它们的存在丰富了我们的世界。我们应该竭尽所能保护它们，让它们在自己的领地上自由地徜徉，让它们的威严永远照亮大自然的边界。

图 5-16　没有添加温度指令生成的答案

STEP 02　接下来再加上温度指令，在 ChatGPT 中输入"请写一段关于老虎的描述，use a temperature of 1"，生成的答案如图 5-17 所示。

可以看到，两个回答的对比非常明显，没有温度指令生成的回答比较机械化，而添加温度指令后生成的回答则犹如小说情节一样，更有吸引力。

▶ 温馨提示

x 为一个数值，一般设置为 0.1 ～ 1。低温度可以让 ChatGPT 的回答变得稳重且有保障，高温度则可以让 ChatGPT 的回答充满创意与想象力。

请写一段关于老虎的描述，use a temperature of 1

老虎，又被誉为森林之王，是世界上最具威严和力量的野生动物之一。它的身姿高大而威武，鲜艳的橙黄色皮毛上带有黑色条纹，展现独特的美感和霸气。

当我想象着面对一只成年老虎时，我不禁感到敬畏。它那双猩红的眼睛中透露着野性与自由，犹如深邃的森林中的霸主。

老虎的身体结构精悍而强壮，肌肉线条紧致有力。它敏捷的动作和迅疾的速度使它成为狩猎的绝佳猎手。当它在茂密的丛林中追逐猎物时，优雅而迅猛的身影令人惊叹不已。

然而，老虎并不只是一头凶猛的猎食者。它也展现出家庭观念和社交能力。母虎慈爱地照料着幼崽，教导它们狩猎技巧和生存技能。这种家庭的温暖与野性的对比使老虎更加神秘而令人着迷。

老虎是野生动物保护的重要象征之一，也是我们生态系统中的重要成员。然而，它们面临着生存的威胁，栖息地的减少和非法猎杀导致它们的数量剧减少。因此，保护老虎及其栖息地对于维护生物多样性和生态平衡至关重要。

当我想到老虎时，我不仅感受到了它们的威严和力量，也深深地敬畏和珍视这个与我们共同生活在地球上的神奇生物。我们应该共同努力保护它们，确保它们在未来的世代中继续繁衍生息，让这个世界上的森林之王永远屹立不倒。

图 5-17　添加温度指令后生成的答案

5.3　ChatGPT 的关键词提问技巧

对于新手来说，在生成 AI 绘画作品时，最难的地方就是写关键词，很多人不知道该写什么，导致踌躇不前。其实，使用 ChatGPT 可以快速生成 AI 绘画关键词，它是一种基于人工智能技术的聊天机器人，使用了自然语言处理和深度学习等技术，可以进行自然语言的对话，回答用户提出的各种问题，写 AI 绘画关键词也不在话下。

本节主要介绍 ChatGPT 的关键词提问技巧，以帮助大家掌握其基本用法，快速生成需要的内容。

5.3.1　在关键词中指定数字

在使用 ChatGPT 进行提问前，要注意关键词的运用技巧，提问时要在问题中指定具体的数字，描述要精准，这样可以得到更满意的答案。

例如，关键词为"写 8 段关于日落画面的描述"，"8 段"就是具体的数字，"日落画面"就是精准的内容描述。ChatGPT 的回答如图 5-18 所示。

写8段关于日落画面的描述

1. 日落时分，夕阳渐渐西沉，整个天空被柔和的橙红色所染，仿佛铺上了一层温暖的纱衣。
2. 静谧的海岸线上，海浪轻轻拍打着沙滩，透过夕阳的余晖，波光潋滟，如同千万颗金色的宝石在海面上闪烁。
3. 云彩在天空中慢慢变幻，从细碎的白云逐渐演变成浓密的粉红色和深蓝色云朵，为整个画面增添了一丝神秘和浪漫。
4. 太阳橙红的光芒透过树林的缝隙洒在大地上，树影斑驳，犹如一片金色的海洋，将整个风景装点得宛如仙境。
5. 高山上的云雾缭绕，被夕阳映照出同一幅壮丽的水墨画，恍若置身于仙山之巅，感受着大自然的宏伟与美妙。
6. 透过远处的建筑物和树木，夕阳的余辉洒在大地上，投下长长的影子，勾勒出一幅夜静而宁谧的景象。
7. 夕阳西下，远山被染上一层淡淡的紫色，山脊上的轮廓线清晰而明，给人以安宁和宁静的感觉。
8. 天空渐渐暗下来，星星开始点亮，与夕阳的余辉形成了绚烂的对比，给人一种宇宙无限的遐想和梦幻的感受。

图 5-18　ChatGPT 的回答

通过上述 ChatGPT 的回答，我们可以看出

ChatGPT 的回复结果还是比较符合要求的，它不仅提供了 8 段内容，而且每段内容都不同，让用户有更多选择。这就是在关键词中指定具体数字的好处，数字越具体，ChatGPT 的回答就越精准。

5.3.2　掌握正确的提问方法

在向 ChatGPT 提问时，用户需要掌握正确的提问方法（如图 5-19 所示），这样可以更快、更准确地获取需要的信息。

提问要详细	向ChatGPT提问时，应尽量详细地描述问题，过于简短或模糊的问题会导致ChatGPT难以理解，从而无法给出准确的答案
避免含糊用语	ChatGPT更倾向于使用清晰、明确和具体的语言，而不是模糊、抽象和含糊的关键词
考虑上下文衔接	ChatGPT的回答通常是基于上下文和前提条件的，如果用户想了解某个景点的天气情况，最好先指定景点名称
避免主观性问题	ChatGPT是基于大量数据训练出来的，它没有情感或主观判断能力，避免向ChatGPT问过于主观或带有偏见的问题
使用具体关键词	在向ChatGPT提问时，使用具体的关键词可以帮助ChatGPT更好地理解你的意图
避免复杂的问题结构	复杂的问题结构会导致ChatGPT无法理解你的问题，最好使用简短的句子和适当的标点符号来分隔问题

图 5-19　向 ChatGPT 提问的正确方法

5.3.3　提升输出内容的逻辑性

ChatGPT 具有高度的语言理解能力和内容输出能力，如果希望它输出的内容更具有逻辑性，可以在提问时加上这个关键词"Let's think step by step（让我们一步一步来思考）"，瞬间让 ChatGPT 的逻辑能力提升 5 倍。

例如，首先在 ChatGPT 中输入"请写出某个绘画作品的特点"，ChatGPT 即可根据该问题简单罗列相关的内容，如图 5-20 所示。

接下来，我们再问一次，"写出某个绘画作品的特点 Let's think step by step"，它出来的结果就很不一样了，如图 5-21 所示。很明显，加上了关键词 Let's think step by step 后，ChatGPT 给出的答案内容顺序更有逻辑性，从画面主体到细节特点，从主要内容到次要内容，主次更加分明。

图 5-20　ChatGPT 简单罗列相关的特点内容

图 5-21　ChatGPT 更有逻辑性的回答

5.3.4　拓宽 ChatGPT 的思维广度

如果你经常需要用 ChatGPT 来做创意、项目以及策划类的方案，可以在提问时加上这个关键词"What are some alternative perspectives？（有哪些可以考虑的角度）"，可以瞬间拓宽 ChatGPT 的思维广度。

例如，在 ChatGPT 中输入"请描述一下美丽的日出场景"，ChatGPT 的回答如图 5-22 所示，整体内容比较平铺直叙。

如果你还想要更多选择，则可以再次提问"请描述一下美丽的日出场景 What are some alternative perspectives？"，ChatGPT 会从不同的观点和角度来回答该问题，给用户提供更多的思路和帮助，如图 5-23 所示。

图 5-22　ChatGPT 的回答

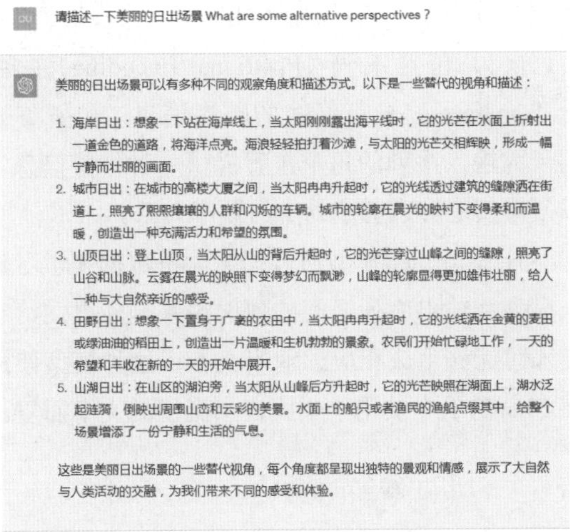

请描述一下美丽的日出场景 What are some alternative perspectives？

美丽的日出场景可以有多种不同的观察角度和描述方式。以下是一些替代的视角和描述：

1. 海岸日出：想象一下你站在海岸线上，当太阳刚刚露出海平线时，它的光芒在水面上折射出一道金色的道路，将海洋染亮。海浪轻轻拍打着沙滩，与太阳的光芒交相辉映，形成一幅宁静而壮丽的画面。
2. 城市日出：在城市的高楼大厦之间，当太阳冉冉升起时，它的光线透过建筑的缝隙洒在街道上，照亮了熙熙攘攘的人群和闪烁的车辆。城市的轮廓在晨光的映衬下变得柔和而温暖，创造出一种充满活力和希望的氛围。
3. 山顶日出：登上山顶，当太阳从山的背后升起时，它的光芒穿过山峰之间的缝隙，照亮了山和山脉。云雾在晨光的映照下变得梦幻而飘渺，山峰的轮廓显得更加雄伟壮丽，给人一种与大自然亲近的感受。
4. 田野日出：想象一下置身于广袤的农田中，当太阳冉冉升起时，它的光线洒在金黄的麦田或碧绿油油的稻田上，创造出一片温暖和生机勃勃的景象。农民们开始忙碌地工作，一天的希望和丰收在新的一天的开始中展开。
5. 湖泊日出：在山区的湖泊旁，当太阳从山峰后方升起时，它的光芒映照在湖面上，湖水泛起涟漪，倒映出周围山峦和云彩的美景。水面上的船只或者渔民的渔船点缀其中，给整个场景增添了一份宁静和生活的气息。

这些是美丽日出场景的一些替代视角，每个角度都呈现出独特的景观和情感，展示了大自然与人类活动的交融，为我们带来不同的感受和体验。

图 5-23　ChatGPT 从不同的观点和角度回答问题

5.3.5　对 ChatGPT 的身份进行定义

在提问的时候，用户可以对 ChatGPT 的身份进行定义，同时描述问题的背景，甚至可以让 ChatGPT 向用户提问，从而给出更加具体的场景。

例如，在 ChatGPT 中输入"你是一位有着10 年工作经验的绘画师，你需要帮助我写一篇300 字的人像绘画教程。在你给出答案前，可以问我一些关于人像绘画的问题"，ChatGPT 的回答如图 5-24 所示。

从图 5-24 可以看到，ChatGPT 一共提出了 3个问题，接下来一一进行回答，ChatGPT 即可生成更符合用户需求的内容，如图 5-25 所示。

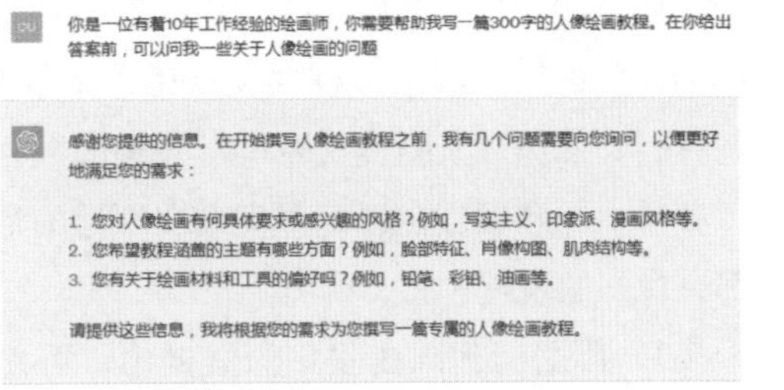

你是一位有着10年工作经验的绘画师，你需要帮助我写一篇300字的人像绘画教程。在你给出答案前，可以问我一些关于人像绘画的问题

感谢您提供的信息。在开始撰写人像绘画教程之前，我有几个问题需要向您询问，以便更好地满足您的需求：

1. 您对人像绘画有何具体要求或感兴趣的风格？例如，写实主义、印象派、漫画风格等。
2. 您希望教程涵盖的主题有哪些方面？例如，脸部特征、肖像构图、肌肉结构等。
3. 您有关于绘画材料和工具的偏好吗？例如，铅笔、彩铅、油画等。

请提供这些信息，我将根据您的需求为您撰写一篇专属的人像绘画教程。

图 5-24　ChatGPT 的回答

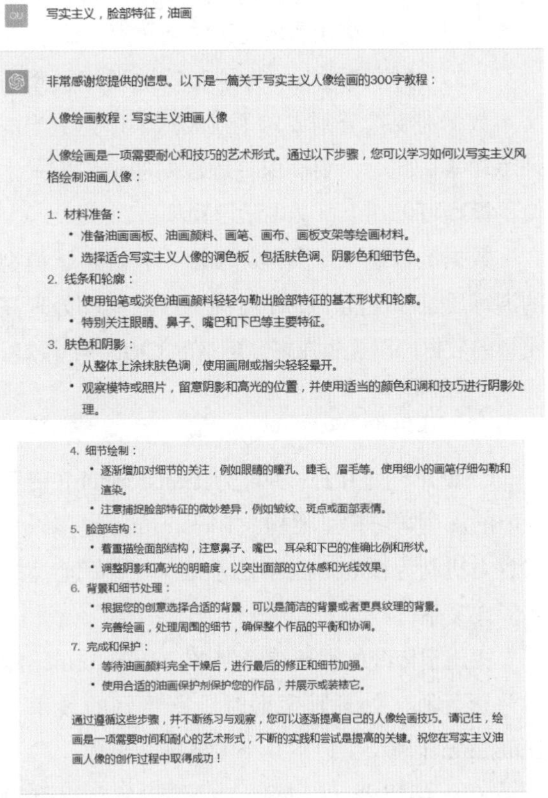

写实主义，脸部特征，油画

非常感谢您提供的信息。以下是一篇关于写实主义人像绘画的300字教程：

人像绘画教程：写实主义油画人像

人像绘画是一项需要耐心和技巧的艺术形式。通过以下步骤，您可以学习如何以写实主义风格绘制油画人像：

1. 材料准备：
   • 准备油画画板、油画颜料、画笔、画布、画板支架等绘画材料。
   • 选择适合写实主义人像的调色板，包括肤色调、阴影色和细节色。
2. 线条和轮廓：
   • 使用铅笔或淡色油画颜料轻轻勾勒出脸部特征的基本形状和轮廓。
   • 特别关注眼睛、鼻子、嘴巴和下巴等主要特征。
3. 肤色和阴影：
   • 从整体上涂抹肤色调，使用画刷或指尖轻轻晕开。
   • 观察模特或照片，留意阴影和高光的位置，并使用适当的颜色和调和技巧进行阴影处理。

4. 细节绘制：
   • 逐渐增加对细节的关注，例如眼睛的瞳孔、睫毛、眉毛等。使用细小的画笔仔细勾勒和渲染。
   • 注意捕捉脸部特征的微妙差异，例如皱纹、斑点或面部表情。
5. 脸部结构：
   • 着重描绘面部结构，注意鼻子、嘴巴、耳朵和下巴的准确比例和形状。
   • 调整阴影和高光的明暗度，以突出面部的立体感和光线效果。
6. 背景和细节处理：
   • 根据您的创意选择合适的背景，可以是简洁的背景或者更具纹理的背景。
   • 完善绘画，处理周围的细节，确保整个作品的平衡和协调。
7. 亮成和保护：
   • 等待油画颜料完全干燥后，进行最后的修正和细节加强。
   • 使用合适的油画保护剂保护您的作品，并展示或装裱它。

通过遵循这些步骤，并不断练习与观察，您可以逐渐提高自己的人像绘画技巧。请记住，绘画是一项需要时间和耐心的艺术形式，不断的实践和尝试是提高的关键。祝您在写实主义油画人像的创作过程中取得成功！

图 5-25　ChatGPT 生成更符合用户需求的内容

5.4　ChatGPT 生成文案的步骤

用户只需要提供自己的想法和需求，ChatGPT 就可以自动生成通顺流畅的文案。那么，ChatGPT 是如何生成文案的呢？下面就来讲解 ChatGPT 生成文案的具体步骤。

5.4.1　收集相关信息

OpenAI 收集了大量的文本数据作为 ChatGPT 的训练数据。这些数据的来源有互联网上的文章、书籍、新闻以及维基百科等。数据准备的流程分为以下几个步骤。

（1）数据收集：OpenAI 团队从互联网上收集 ChatGPT 的训练数据。这些数据来源包括网页、维基百科、书籍以及新闻文章等，收集的数据覆盖了各种主题和领域，以确保模型在广泛的话题上都有良好的表现。

（2）数据清理：在收集的数据中，可能存在一些噪音、错误和不规范的文本。因此，在训练之前需要对数据进行清理，包括去除 HTML 标签、纠正拼写错误和修复语法问题等。

（3）分割和组织：为了有效地训练模型，文本数据需要被分割成句子或段落来作为适当的训练样本。同时，要确保训练数据的组织方式，使得模型可以在上下文中学习和理解。

数据准备是一个关键的步骤，它决定了模型的训练质量和性能。OpenAI 致力于收集和处理高质量的数据，以提供流畅、准确的 ChatGPT 模型。

5.4.2 选择预设模型

ChatGPT 使用了一种称为 Transformer（变压器）的深度学习模型架构。Transformer 模型以自注意力机制为核心，能够处理文本时更好地捕捉上下文关系。

相比于传统的循环神经网络，Transformer 能够并行计算，处理长序列时具有更好的效率。Transformer 模型由以下几个主要部分组成。

（1）编码器（Encoder）：编码器负责将输入好的序列进行编码。它由多个相同的层堆叠而成，每一层都包含多头自注意力机制和前馈神经网络。多头自注意力机制用于捕捉输入序列中不同位置的依赖关系，前馈神经网络则对每个位置的表示进行非线性转换。

（2）解码器（Decoder）：解码器负责根据编码器的输出生成相应文本序列。与编码器类似，解码器也由多个相同的层堆叠而成。除了编码器的子层外，解码器还包含一个被称为编码器 - 解码器注意力机制的子层。这个注意力机制用于在生成过程中关注编码器的输出。

（3）位置编码（Positional Encoding）：由于 Transformer 没有显式的顺序信息，位置编码用于为输入序列的每个位置提供一种位置信息，以便模型能够理解序列中的顺序关系。

Transformer 模型通过训练大量数据来学习输入序列和输出序列之间的映射关系，使得在给定输入时能够生成相应的输出文本。这种模型架构在 ChatGPT 中被用于生成自然流畅的文本回复。

5.4.3 进行模型训练

ChatGPT 通过对大规模文本数据的反复训练，学习如何根据给定的输入生成相应的文本输出，模型逐渐学会理解语言的模式、语义和逻辑。ChatGPT 的模型训练主要分为如图 5-26 所示的几点。

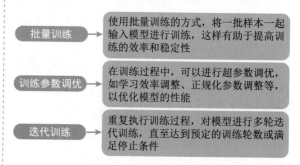

图 5-26 ChatGPT 模型训练

模型训练的结果取决于数据质量，通过反复的训练，模型逐渐学会理解语言的模式、语义和逻辑，并生成流畅合理的文本回复。

5.4.4 生成文本内容

ChatGPT 使用训练得到的模型参数和生成算法，生成一段与输入相关的文本，它将考虑语法、语义和上下文逻辑，以生成连贯和相关的回复。

生成的文本会经过评估，以确保其流畅性和合理性。OpenAI 致力于提高生成文本的质量，通过设计训练目标和优化算法来尽量使其更符合人类的表达方式。

生成文本的质量和连贯性取决于模型的训练质量、输入的准确性以及上下文理解的能力。在应用 ChatGPT 生成的文本时，建议进行人工审查和进一步的验证。

5.5　多种文案或内容的生成方法

ChatGPT 具有自然语言生成和理解的功能，能够为用户提供各种应用场景下的语言交流和信息生成服务，可以帮助用户生成多种文案，节省人工编写的时间和成本，让用户可以借助生成的内容，快速进行 AI 绘画。本节就来讲解几种文案或内容的生成方法。

5.5.1　商品销售海报文案

销售人员可以根据自身需求直接在 ChatGPT 中输入信息，快速生成商品销售文案，并根据商品销售文案中的关键词制作海报，更好地促进商品的销售。

例如，在 ChatGPT 中输入"写一篇关于童装产品的销售海报文案，字数为 200 字左右"，ChatGPT 即可生成对应的销售文案，如图 5-27 所示。

图 5-27　ChatGPT 生成的童装产品销售文案

▶ 温馨提示

需要注意的是，ChatGPT 生成的销售文案内容可能存在误差或不符合要求的情况，需要适当进行人工修改和完善。

5.5.2　品牌宣传海报文案

在品牌宣传海报文案的创作中，ChatGPT 可以利用其强大的自然语言处理能力，根据品牌的特点、定位和目标受众，快速生成独特而富有吸引力的海报文案内容。同时，ChatGPT 还可以根据品牌的营销需求，为海报文案添加适当的情感元素，增强海报文案的感染力和亲和力。

例如，在 ChatGPT 中输入"请为一个新成立的男装品牌写一段品牌宣传海报的文案"，ChatGPT 即可生成具体的品牌宣传海报文案，如图 5-28 所示。

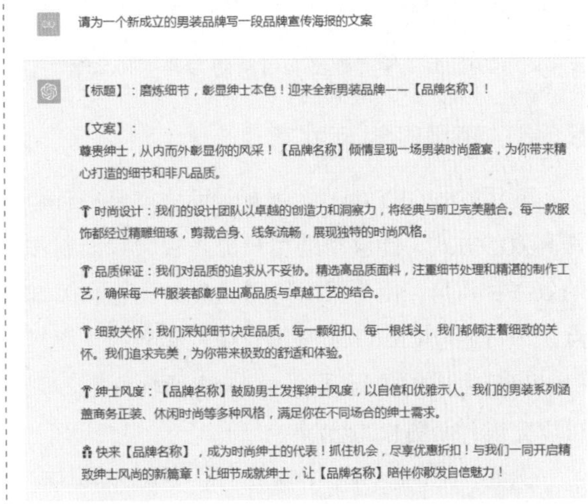

图 5-28　ChatGPT 生成的品牌宣传文案

此外，ChatGPT 还可以结合数据分析和市场调研等手段，为品牌宣传文案的创作提供更多的信息和依据。通过对品牌所处市场和目标受众的深入分析，ChatGPT 可以创作出更加符合市场需求和消费者心理的宣传文案，帮助品牌实现更好的营销效果和商业价值。

例如，在 ChatGPT 中输入"为某品牌的汤圆撰写 200 字左右的海报宣传文案"，ChatGPT 即可生成带有数据和情感的品牌宣传文案，如图 5-29 所示，这样可以增强文案的说服力。当然，品牌宣传方也可以利用 AI 绘画，根据 ChatGPT 生成的文案内容快速制作出对应的海报内容。

> 为某品牌的汤圆撰写200字左右的海报宣传文案

【标题】：品尝传统，尽享甜蜜！【品牌名称】汤圆，温暖你的味蕾！

【文案】：
在这个传统佳节，【品牌名称】汤圆为您带来一份甜蜜与温暖。让我们一起坐下来，品味那份浓浓的亲情与美好回忆。

■ 精选原料：我们精心挑选最优质的糯米和各种优质馅料，为您打造口感细腻、味道鲜美的汤圆。每一颗汤圆都是用心制作，让您感受到品质的美好。

■ 丰富口味：我们提供多种口味的汤圆选择，从经典的芝麻、红豆，到创新的芒果、巧克力等，满足您的不同口味需求。每一口都是一种享受，让味蕾沉浸在甜蜜的海洋中。

■ 传承传统：我们承载了古老的制作工艺，让您品味到正宗的传统汤圆的魅力。每一口都散发着浓浓的年味和温情，带给您家的味道。

■ 分享温暖：汤圆是家庭团聚的象征，它将亲情与美好的回忆融入其中。带上一份【品牌名称】汤圆，与亲人朋友围坐在一起，共享温暖的时刻。

❖ 现在就来【品牌名称】，购买我们的汤圆礼盒！不仅能品味甜蜜，还能与亲朋好友一同分享。让【品牌名称】汤圆为你的节日增添一份特别的甜蜜！

图 5-29 生成带有数据和情感的品牌宣传文案

5.5.3 短视频封面文案

使用 ChatGPT 编写短视频封面文案是一种非常高效的方式，能够帮助用户提高视频封面制作的效率和质量。用户只需给出相应的主题和关键点，即可通过 ChatGPT 来编写短视频封面，而将 ChatGPT 生成的关键词输入 AI 绘画软件中，则可以完成封面图片的绘制。

例如，在 ChatGPT 中输入"写一个'湘菜店'的短视频封面文案"，ChatGPT 即可生成短视频封面文案内容，如图 5-30 所示。

当然，如果要想生成详细的短视频封面内容，可以添加一些关键词，如封面中要重点显示的文字、事物等。例如，在 ChatGPT 中输入"写一个短视频封面文案，包括封面文字设计和人物的设计"，ChatGPT 即可生成对应的封面内容，如图 5-31 所示。

> 写一个"湘菜店"的短视频封面文案

【标题】：湘味醉心，湘菜店带您领略湖南美食风情！

【文案】：
迷恋湖南美食？那就来湘菜店一探究竟！我们用热情和味蕾的共振，为您打开一扇通向湖南美食的大门。

■ 湘菜魅力：辣味与麻辣相伴，口感丰富，湘菜是辣爆你的味蕾的绝佳选择。品尝香辣激情，尽享湘菜独特的醇厚美味。

■ 正宗传承：我们秉承正宗湖南烹饪传统，精选最优质的湘菜食材，用心烹制每一道菜品，让您感受到地道的湖南味道。

■ 湖湘特色：湖南的土地孕育了丰富的湖湘特色菜肴，我们的菜单涵盖了辣椒豆豉鱼头、口水鸡、剁椒鱼头等经典湘菜，带您领略湖南美食的风情。

■ 舒适环境：我们提供宽敞舒适的用餐环境，充满湘菜的文化氛围，为您带来一场别样的美食之旅。

不再等待，快来湘菜店，品味湖南美食的独特魅力！一口辣味，即刻启程！

图 5-30 ChatGPT 生成的短视频脚本内容

> 写一个短视频封面文案，包括封面文字设计和人物的设计

【封面文字设计】：
标题：创意无限，艺术的魔法

子标题：用画笔绘出你的世界

【人物设计】：
在这个短视频封面中，我们呈现了一个充满创意和艺术的场景。画面中心是一位年轻女性，她着装时尚，戴着一顶黑色帽子，身穿明亮色彩的衣服。她手持一支魔法般的画笔，舞动在空中，留下一串绚丽的色彩。她的脸上洋溢着自信的微笑，眼睛中透出激情和创意的火花。

周围的背景设计充满奇幻的元素。绘画的世界在她的周围展开，出现了绚烂的花朵、飞舞的蝴蝶、流动的彩虹等，营造出一个梦幻般的氛围。背景的色彩明亮且丰富多彩，让整个画面充满活力和创造力。

整体设计简洁明快，鲜艳的色彩和动态的线条传递出充满活力和创意的感觉。这个短视频封面将吸引观众的眼球，引发他们对艺术和创造力的好奇和兴趣。

图 5-31 ChatGPT 生成对应的短视封面内容

5.5.4 自媒体的文章

ChatGPT 的文案创作能力可以在自媒体行业发挥重要的作用，自媒体的发展需要大量的原创内容，而 ChatGPT 可以在短时间内创作高质量的文章，满足自媒体创作者的需求。例如，在 ChatGPT 中输入"写一篇关于 AI 绘画的知识类文章，字数为 500 字左右"，ChatGPT 即可生成对应的文章内容，如图 5-32 所示。

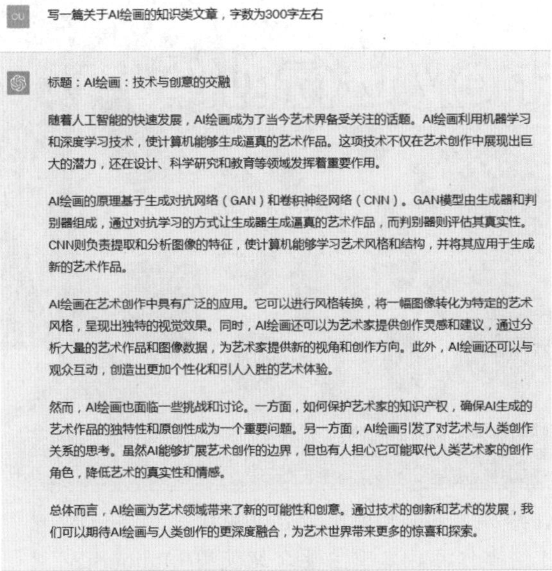

写一篇关于AI绘画的知识类文章，字数为300字左右

标题：AI绘画：技术与创意的交融

随着人工智能的快速发展，AI绘画成为了当今艺术界备受关注的话题。AI绘画利用机器学习和深度学习技术，使计算机能够生成逼真的艺术作品。这项技术不仅在艺术创作中展现出巨大的潜力，还在设计、科学研究和教育等领域发挥着重要作用。

AI绘画的原理基于生成对抗网络（GAN）和卷积神经网络（CNN）。GAN模型由生成器和判别器组成，通过对抗学习的方式让生成器生成逼真的艺术作品，而判别器则评估其真实性。CNN则负责提取和分析图像的特征，使计算机能够学习艺术风格和结构，并将其应用于生成新的艺术作品。

AI绘画在艺术创作中具有广泛的应用。它可以进行风格转换，将一幅图像转化为特定的艺术风格，呈现出独特的视觉效果。同时，AI绘画还可以为艺术家提供创作灵感和建议，通过分析大量的艺术作品和图像数据，为艺术家提供新的视角和创作方向。此外，AI绘画还可以与观众互动，创造出更加个性化和引人入胜的艺术体验。

然而，AI绘画也面临一些挑战和讨论。一方面，如何保护艺术家的知识产权，确保AI生成的艺术作品的独特性和原创性成为一个重要问题。另一方面，AI绘画引发了对艺术与人类创作关系的思考。虽然AI能够扩展艺术创作的边界，但也有人担心它可能取代人类艺术家的创作角色，降低艺术的真实性和情感。

总体而言，AI绘画为艺术领域带来了新的可能性和创意。通过技术的创新和艺术的发展，我们可以期待AI绘画与人类创作的更深度融合，为艺术世界带来更多的惊喜和探索。

图 5-32　ChatGPT 生成的文章内容

另外，ChatGPT 还可以根据读者的兴趣和需求，定制个性化的内容，提升读者的阅读体验。在自媒体竞争日益激烈的今天，ChatGPT 的使用可以提高自媒体创作者的效率和生产力，帮助他们赢得更多的粉丝和变现机会。

5.5.5　AI 绘画的关键词

ChatGPT 可以快速生成 AI 绘画的代码和关键词，从而激发用户的创意灵感，创作出更加优质的 AI 绘画作品。例如，在 ChatGPT 中输入"简单形容一下杨玉环的样貌特点"，ChatGPT 即可生成对应的关键词，如图 5-33 所示。接下来，将这些关键词输入 AI 绘画软件中，即可得到相关的绘画结果。

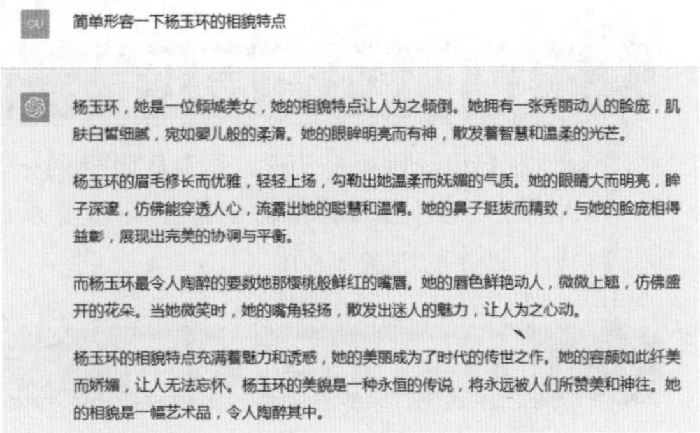

简单形容一下杨玉环的相貌特点

杨玉环，她是一位倾城美女，她的相貌特点让人为之倾倒。她拥有一张秀丽动人的脸庞，肌肤白皙细腻，宛如婴儿般的柔滑。她的眼眸明亮而有神，散发着智慧和温柔的光芒。

杨玉环的眉毛修长而优雅，轻轻上扬，勾勒出她温柔而妩媚的气质。她的眼睛大而明亮，眸子深邃，仿佛能穿透人心，流露出她的聪慧和温情。她的鼻子挺拔而精致，与她的脸庞相得益彰，展现出完美的协调与平衡。

而杨玉环最令人陶醉的要数她那樱桃般鲜红的嘴唇。她的唇色鲜艳动人，微微上翘，仿佛盛开的花朵。当她微笑时，她的嘴角轻扬，散发出迷人的魅力，让人为之心动。

杨玉环的相貌特点充满着魅力和诱惑，她的美丽成为了时代的传世之作。她的容颜如此纤美而娇媚，让人无法忘怀，杨玉环的美貌是一种永恒的传说，将永远被人们所赞美和神往。她的相貌是一幅艺术品，令人陶醉其中。

图 5-33　ChatGPT 生成的关键词

第6章

How: 运用 Midjourney 进行创作

章前知识导读

Midjourney 是 2022 年 3 月面世的一款 AI 绘画工具，用户可以在其中输入文字、图片等内容，让机器自动创作出符合要求的 AI 绘画作品。本章主要介绍使用 Midjourney 进行创作的相关技巧。

新手重点索引

 Midjourney 的基本使用方法　　 Midjourney 的常用绘图设置

 Midjourney 的高级绘图设置

效果图片欣赏

▶ 6.1 ◀ Midjourney 的基本使用方法

Midjourney 与 ChatGPT 一样，目前是不支持国内网络的，需要在国外网络环境下才能使用，因此不管是注册还是使用都比较麻烦。本节主要介绍 Midjourney 的基本使用方法，帮助大家了解 Midjourney 的入门技巧。

6.1.1 创建自己的服务器

默认情况下，用户进入 Midjourney 频道主页后，使用的是公用服务器，操作起来非常不方便，一起参与绘画的人非常多，这会导致用户很难找到自己的绘画关键词和作品。下面介绍创建 Midjourney 服务器的操作方法。

<table>
<tr><td rowspan="3"></td><td>素材文件</td><td>无</td></tr>
<tr><td>效果文件</td><td>无</td></tr>
<tr><td>视频文件</td><td>视频 \ 第 6 章 \6.1.1 创建自己的服务器 .mp4</td></tr>
</table>

【操练 + 视频】——创建自己的服务器

STEP 01 在 Midjourney 频道主页，单击左下角的"添加服务器"按钮 ➕，如图 6-1 所示。

图 6-1 单击"添加服务器"按钮

STEP 02 弹出"创建服务器"对话框，选择"亲自创建"选项，如图 6-2 所示。当然，如果用户收到邀请，也可以加入其他人创建的服务器。

STEP 03 执行上述操作后，弹出一个新的对话框，选择"仅供我和我的朋友使用"选项，如图 6-3 所示。

图 6-2　选择"亲自创建"选项

图 6-3　选择"仅供我和我的朋友使用"选项

STEP 04 弹出"自定义您的服务器"对话框，输入相应的服务器名称，单击"创建"按钮，如图 6-4 所示。

图 6-4　单击"创建"按钮

STEP 05 如果显示欢迎来到对应服务器的相关信息，就说明创建服务器成功了，如图 6-5 所示。

图 6-5　创建服务器成功

6.1.2　添加 Midjourney Bot

用户可以通过 Discord 平台与 Midjourney Bot 进行交互，然后提交关键词来快速获得所需的图像。Midjourney Bot 是一个用于帮助用户完成各种绘画任务的机器人。下面介绍添加 Midjourney Bot 的操作方法。

	素材文件	无
	效果文件	无
	视频文件	视频 \ 第 6 章 \6.1.2　添加 Midjourney Bot.mp4

【操练＋视频】
——添加 Midjourney Bot

STEP 01 单击左上角的 Discord 图标，然后再单击"寻找或开始新的对话"文本框，如图 6-6 所示。

图 6-6　单击"寻找或开始新的对话"文本框

STEP 02) 在弹出的对话框中输入 Midjourney Bot，选择相应的选项并按 Enter 键，如图 6-7 所示。

图 6-7　选择相应的选项

STEP 03) 在 Midjourney Bot 的头像上单击鼠标右键，在弹出的快捷菜单中选择"个人资料"命令，如图 6-8 所示。

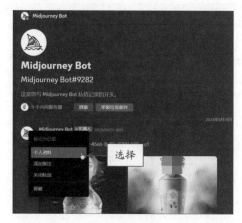

图 6-8　选择"个人资料"命令

STEP 04) 在弹出的对话框中单击"添加至服务器"按钮，如图 6-9 所示。

图 6-9　单击"添加至服务器"按钮

STEP 05) 弹出"外部应用程序"对话框，选择刚才创建的服务器，单击"继续"按钮，如图 6-10 所示。

STEP 06) 确认 Midjourney Bot 在该服务器上的权限，单击"授权"按钮，如图 6-11 所示。

图 6-10　单击"继续"　　图 6-11　单击"授权"
　　　　　按钮　　　　　　　　　　按钮

STEP 07) 需要进行"我是人类"的验证，按照提示进行验证即可完成授权，成功添加 Midjourney Bot，如图 6-12 所示。

图 6-12　成功添加 Midjourney Bot

6.2 Midjourney 的常用绘图设置

Midjourney 具有强大的 AI 绘图功能，用户可以通过各种指令和关键词来改变 AI 绘图的效果，生成更优秀的 AI 画作。本节将介绍一些 Midjourney 的绘图设置，让用户在创作 AI 画作时更加得心应手。

6.2.1 Midjourney 的常用指令

在使用 Midjourney 进行绘图时，用户可以使用各种指令与 Discord 上的 Midjourney Bot 进行交互，从而告诉它你想要一张什么样的效果图。Midjourney 的指令主要用于创建图像、更改默认设置以及执行其他有用的任务。表 6-1 所示为 Midjourney 中的常用指令及其描述。

表 6-1　Midjourney 中的常用指令及其描述

指　令	描　述
/ask（问）	得到一个问题的答案
/blend（混合）	轻松地将两张图片混合在一起
/daily_theme（每日主题）	切换 #daily-theme 频道更新的通知
/docs（文档）	在 Midjourney Discord 官方服务器中使用可快速生成用户指南中涵盖的主题链接
/describe（描述）	根据用户上传的图像编写 4 个示例提示词
/faq（常问问题）	在 Midjourney Discord 官方服务器中使用以快速生成指向提示工艺频道常见问题解答的链接
/fast（快速地）	切换到快速模式
/help（帮助）	显示有关 Midjourney Bot 的基本信息和提示
/imagine（想象）	使用关键词或提示词生成图像
/info（信息）	查看有关用户的账号以及任何排队（或正在运行）的作业信息
/stealth（隐身）	专业计划订阅用户可以通过该指令切换到隐身模式
/public（公共）	专业计划订阅用户可以通过该指令切换到公共模式
/subscribe（订阅）	为用户的账号页面生成个人链接
/settings（设置）	查看和调整 Midjourney Bot 的设置
/prefer option（偏好选项）	创建或管理自定义选项
/prefer option list（偏好选项列表）	查看用户当前的自定义选项
/prefer suffix（喜欢后缀）	指定要添加到每个提示词末尾的后缀
/show（展示）	使用图像作业 ID（Identity Document，账号）在 Discord 中重新生成作业
/relax（放松）	切换到放松模式
/remix（混音）	切换到混音模式

6.2.2　设定图片的生成尺寸

通常情况下，使用 Midjourney 生成的图片尺寸默认为 1：1 的方图，那么如果对生成的图片有特定的要求，又该如何进行操作呢？其实，用户可以使用 --ar（更改画面比例）指令来修改生成的图片尺寸。下面介绍具体的操作方法。

素材文件	无
效果文件	效果 \ 第 6 章 \6.2.2　设定图片的生成尺寸（1）～（4）.png
视频文件	视频 \ 第 6 章 \6.2.2　设定图片的生成尺寸 .mp4

【操练＋视频】
——设定图片的生成尺寸

STEP 01 通过 /imagine 指令输入相应的关键词，如图 6-13 所示。

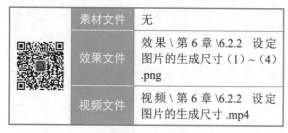

图 6-13　通过 /imagine 指令输入相应的关键词

STEP 02 执行操作后，Midjourney 会生成默认的绘画效果，如图 6-14 所示。

图 6-14　Midjourney 生成的默认绘画效果

STEP 03 继续通过 /imagine 指令输入相同的关键词，并在结尾处加上 --ar 9：16 指令（注意与前面的关键词用空格隔开），如图 6-15 所示。

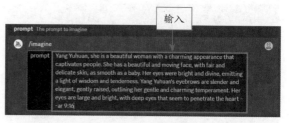

图 6-15　通过 /imagine 指令输入相应的关键词并加上 --ar 9：16 指令

STEP 04 执行操作后，即可生成 9：16 尺寸的图片，如图 6-16 所示。

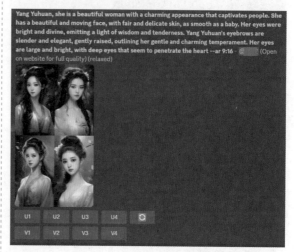

图 6-16　生成 9：16 尺寸的图片

STEP 05 图 6-17 所示为 9：16 尺寸的大图效果。需要注意的是，在图片生成或放大过程中，最终输出的图片尺寸可能会略有修改。

图 6-17　9：16 尺寸的大图效果

图 6-17 9：16尺寸的大图效果（续）

6.2.3 提升绘画作品的质量

在 Midjourney 中生成 AI 画作时，可以使用 --quality（质量）指令处理并产生更多的细节，从而提高图片的质量。下面介绍具体的操作方法。

素材文件	无
效果文件	效果 \ 第 6 章 \6.2.3 提升绘画作品的质量 .png
视频文件	视频 \ 第 6 章 \6.2.3 提升绘画作品的质量 .mp4

【操练＋视频】
——提升绘画作品的质量

STEP 01 通过 /imagine 指令输入相应的关键词，如图 6-18 所示。

图 6-18 通过 /imagine 指令输入相应的关键词

STEP 02 执行操作后，Midjourney 会生成默认的图片效果，如图 6-19 所示。

STEP 03 继续通过 /imagine 指令输入相同的关键词，并在关键词的结尾处加上 --quality .25 指令，即可生成极不详细的图片效果，如图 6-20 所示。

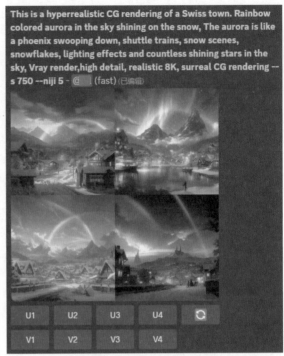

图 6-19 默认生成的图片效果

图 6-20 极不详细的图片效果

STEP 04 再次通过 /imagine 指令输入相同的关键词，并在关键词的结尾处加上 --quality .5 指令，即可生成不太详细的图片效果，如图 6-21 所示。

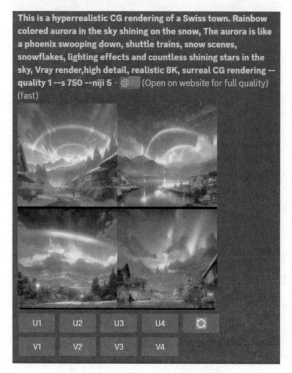

This is a hyperrealistic CG rendering of a Swiss town. Rainbow colored aurora in the sky shining on the snow, The aurora is like a phoenix swooping down, shuttle trains, snow scenes, snowflakes, lighting effects and countless shining stars in the sky, Vray render,high detail, realistic 8K, surreal CG rendering --quality .5 --s 750 --niji 5 - @ ▯ (fast)

图 6-21　再次不太详细的图片效果

STEP 05 重复上一步操作，并在关键词的结尾处加上 --quality 1 指令，即可生成有更多细节的图片效果，如图 6-22 所示。

This is a hyperrealistic CG rendering of a Swiss town. Rainbow colored aurora in the sky shining on the snow, The aurora is like a phoenix swooping down, shuttle trains, snow scenes, snowflakes, lighting effects and countless shining stars in the sky, Vray render,high detail, realistic 8K, surreal CG rendering --quality 1 --s 750 --niji 5 - @ ▯ (Open on website for full quality) (fast)

图 6-22　有更多细节的图片效果

图 6-23 所示为加上 --quality 1 指令后生成的图片效果。需要注意的是，更高的 --quality 值并不总是更好，有时较低的 --quality 值可以产生更好的结果，这取决于用户对作品的期望。例如，较低的 --quality 值比较适合绘制抽象风格的画作。

图 6-23　加上 --quality 1 指令后生成的图片效果

6.2.4　激发 AI 的创造能力

在 Midjourney 中使用 --chaos（简写为 --c）指令，可以激发 AI 的创造能力，值（取值范围为 0 ～ 100）越大 AI 就会有更多自己的想法。下面介绍具体的操作方法。

素材文件	无
效果文件	效果 \ 第 6 章 \6.2.4　激发 AI 的创造能力 .png
视频文件	视频 \ 第 6 章 \6.2.4　激发 AI 的创造能力 .mp4

【操练 + 视频】
——激发 AI 的创造能力

STEP 01 通过 /imagine 指令输入相应的关键词，并在关键词的后面加上 --c 10 指令，如图 6-24 所示。

图 6-24　输入相应的关键词和指令

STEP 02 按 Enter 键确认，生成的图片效果如图 6-25 所示。

图 6-25　较低的 --c 值生成的图片效果

STEP 03 再次通过 /imagine 指令输入相同的关键词，并将 --c 指令的值修改为 100，生成的图片效果如图 6-26 所示。

图 6-26　较高的 --c 值生成的图片效果

6.2.5　同时生成多组图片

在 Midjourney 中使用 --repeat（重复）指令，可以批量生成多组图片，大幅增加出图速度。下面介绍具体的操作方法。

素材文件	无
效果文件	效果 \ 第 6 章 \6.2.5　同时生成多组图片
视频文件	视频 \ 第 6 章 \6.2.5　同时生成多组图片 .mp4

【操练＋视频】
——同时生成多组图片

STEP 01 通过 /imagine 指令输入相应的关键词，并在关键词的后面加上 --repeat 2 指令，如图 6-27 所示。

图 6-27　输入相应的关键词和指令

STEP 02 按 Enter 键确认，Midjourney 将同时生成两组图片，如图 6-28 所示。

图 6-28　同时生成两组图片

图 6-28　同时生成两组图片（续）

6.2.6　灵活多变的混音模式

使用 Midjourney 的混音模式可以更改关键词、参数、模型版本或变体之间的纵横比，让 AI 绘画变得更加灵活多变。下面介绍具体的操作方法。

素材文件	无
效果文件	效果 \ 第 6 章 \6.2.6　灵活多变的混音模式
视频文件	视频 \ 第 6 章 \6.2.6　灵活多变的混音模式 .mp4

【操练 + 视频】
——灵活多变的混音模式

STEP 01 在 Midjourney 窗口下面的输入框内输入 /，在弹出的列表框中选择 /settings（设置）指令，如图 6-29 所示。

图 6-29　选择 /settings 指令

STEP 02 按 Enter 键确认，即可调出 Midjourney 的设置面板，如图 6-30 所示。

图 6-30　Midjourney 的设置面板

STEP 03 在设置面板中单击 Remix mode（混音模式）按钮，如图 6-31 所示，即可开启混音模式。

图 6-31　单击 Remix mode 按钮

▶ **温 馨 提 示**

为了帮助大家更好地理解，下面将设置面板中的内容翻译成了中文，如图 6-32 所示。直接翻译的英文不是很准确，具体用法需要用户多练习才能掌握。

图 6-32　设置面板的中文翻译

STEP 04 通过 /imagine 指令输入相应的关键词，生成的图片效果如图 6-33 所示。

图 6-33　生成的图片效果

STEP 05 单击 V4 按钮，弹出 Remix Prompt（混音提示）对话框，如图 6-34 所示。

图 6-34　Remix Prompt 对话框

STEP 06 适当修改关键词，如将 boy（男孩）改为 girl（女孩），如图 6-35 所示。

图 6-35　修改关键词

STEP 07 单击"提交"按钮，即可重新生成相应的图片，图中的小男孩变成小女孩，效果如图 6-36 所示。

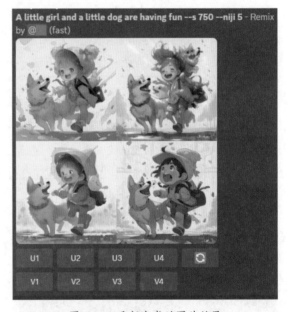

图 6-36　重新生成的图片效果

6.3　Midjourney 的高级绘图设置

Midjourney 具有强大的 AI 绘画功能，用户可以通过各种指令和关键词来改变 AI 绘画的效果，生成更优秀的 AI 摄影作品。本节将介绍 Midjourney 的一些高级绘画设置，让用户在绘制 AI 摄影作品时更加得心应手。

6.3.1　version（版本）设置

version 指版本型号，Midjourney 会经常进行版本的更新，并结合用户的使用情况改进其算法。

从 2022 年 4 月至 2023 年 6 月，Midjourney 已经发布了 5 个版本，其中 version 5.1 是目前最新且效果最好的版本。

　　Midjourney 目前支持 version 1、version 2、version 3、version 4、version 5、version 5.1 等版本，用户可以通过在关键词后面添加 --version（或 --v）1/2/3/4/5/5.1 来调用不同的版本，如果没有添加版本后缀参数，那么会使用默认版本。下面就来讲解版本的设置方法，帮助大家更好地按照所需的版本出图。

素材文件	无
效果文件	效果 \ 第 6 章 \6.3.1 version（版本）设置
视频文件	视频 \ 第 6 章 \6.3.1 version（版本）设置 .mp4

【操练 + 视频】
——version（版本）设置

STEP 01 通过 /imagine 指令输入相应的关键词，并在关键词的后面加上 --v 1 指令，如图 6-37 所示。

图 6-37　通过 /imagine 指令输入关键词并加上 --v 1 指令

STEP 02 按 Enter 键确认，即可通过 version 1 版本生成相应的图片，效果如图 6-38 所示。可以看到，version 1 版本生成的图片画面真实感比较差。

STEP 03 将 --v 1 指令改成 --v 5.1 指令，通过 /imagine 指令输入关键词，如图 6-39 所示。

STEP 04 按 Enter 键确认，即可通过 version 5.1 版本生成相应的图片，效果如图 6-40 所示，画面真实感比较强。

图 6-38　通过 version 1 版本生成的图片效果

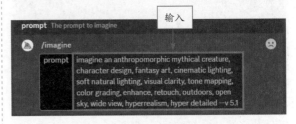

图 6-39　通过 /imagine 指令输入关键词并将 --v 1 指令改成 --v 5.1 指令

图 6-40　通过 version 5.1 版本生成的图片效果

6.3.2 no（否定提示）设置

在关键词的末尾处加上 --no xx 指令，可以让画面不出现 xx 内容。下面就来介绍具体的操作技巧。

素材文件	无
效果文件	效果 \ 第 6 章 \6.3.2 no（否定提示）设置
视频文件	视频 \ 第 6 章 \6.3.2 no（否定提示）设置 .mp4

【操练＋视频】
——no（否定提示）设置

STEP 01 通过 /imagine 指令输入相应的关键词，如图 6-41 所示。

图 6-41 通过 /imagine 指令输入关键词

STEP 02 按 Enter 键确认，即可生成相应的图片，效果如图 6-42 所示。

图 6-42 输入关键词后生成的图片效果

STEP 03 通过 /imagine 指令输入相同的关键词，

在关键词的后面添加 --no 指令，如 --no plants（没有植物）指令，如图 6-43 所示。

图 6-43 在关键词的后面添加 --no 指令

STEP 04 按 Enter 键确认，即可生成没有植物的图片，效果如图 6-44 所示。

图 6-44 添加 --no 指令生成的图片效果

6.3.3 stylize（风格化）设置

在 Midjourney 中使用 stylize 指令，可以让生成的图片具有艺术性的风格。下面就来介绍具体的操作技巧。

素材文件	无
效果文件	效果 \ 第 6 章 \6.3.3 stylize（风格化）设置
视频文件	视频 \ 第 6 章 \6.3.3 stylize（风格化）设置 .mp4

【操练＋视频】
——stylize（风格化）设置

STEP 01 通过 /imagine 指令输入相应的关键词，

在关键词的后面添加低 stylize 数值的指令，如 --stylize 10 指令，如图 6-45 所示。

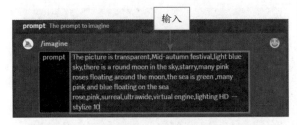

图 6-45　通过 /imagine 指令输入关键词并添加低 stylize 数值的指令

STEP 02 按 Enter 键确认，即可生成低 stylize 数值的图片，效果如图 6-46 所示。可以看到，此时生成的图片虽然与关键词密切相关，但艺术性较差。

图 6-46　低 stylize 数值的图片

STEP 03 通过 /imagine 指令输入相同的关键词，在关键词的后面添加高 stylize 数值的指令，如 --stylize 1000 指令，如图 6-47 所示。

图 6-47　通过 /imagine 指令输入关键词并添加高 stylize 数值的指令

STEP 04 按 Enter 键确认，即可生成高 stylize 数值的图片，效果如图 6-48 所示。可以看到，此时生成的图片非常有艺术性，也更具有观赏性。

图 6-48　高 stylize 数值的图片

6.3.4　seeds（种子值）设置

在使用 Midjourney 生成图片时，会有一个从模糊的"噪点"逐渐变得具体清晰的过程，而这个"噪点"的起点就是 seed，Midjourney 依靠它来创建一个"视觉噪音场"，作为生成初始图片的起点。

种子值是为每张图片随机生成的，但可以使用 --seed 指令来指定。在 Midjourney 中使用相同的种子编号和关键词，将产生相同的出图结果，利用这点我们可以生成连贯一致的人物形象或者场景。下面介绍设置种子值的操作方法。

	素材文件	无
	效果文件	效果 \ 第 6 章 \6.3.4　seeds（种子值）设置（1）～（4）.png
	视频文件	视 频 \ 第 6 章 \6.3.4　seeds（种子值）设置 .mp4

【操练+视频】
——seeds（种子值）设置

STEP 01 在 Midjourney 中生成相应的图片后，在该消息上方单击"添加反应"图标，如图 6-49 所示。

图 6-49　单击"添加反应"图标

STEP 02 执行操作后，会弹出"反应"对话框，如图 6-50 所示。

图 6-50　"反应"对话框

STEP 03 在"反应"选项卡的文本框中输入

envelope（信封），并单击搜索结果中的信封图标，如图 6-51 所示。

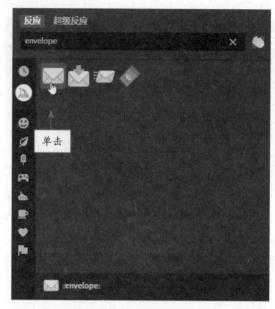

图 6-51　单击信封图标

STEP 04 执行操作后，Midjourney Bot 将会给我们发送一个消息，单击 Midjourney Bot 图标，如图 6-52 所示。

图 6-52　单击 Midjourney Bot 图标

STEP 05 执行操作后，即可看到 Midjourney Bot 发送的 Job ID（作业 ID）和图片的种子值，如图 6-53 所示。

STEP 06 此时我们可以在关键词的结尾处加上 --seed 指令，指令后面输入种子值，然后再生成新的图片，效果如图 6-54 所示。

图 6-53　Midjourney Bot 发送的种子值

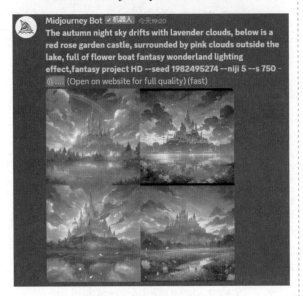

图 6-54　生成新的图片

6.3.5　stop（停止）设置

在 Midjourney 中使用 stop 指令，可以停止正在进行的 AI 绘画作业，然后直接出图。如果用户没有使用 stop 指令，则得到的图片结果是非常清晰、翔实的，其生成步数为 100，以此类推，生成的步数越少，使用 stop 指令停止渲染的时间就越早，生成的图像也就越模糊。下面就来介绍通过 stop（停止）设置生成图片的具体操作技巧。

	素材文件	无
	效果文件	效果 \ 第 6 章 \6.3.5 stop（停止）设置
	视频文件	视频 \ 第 6 章 \6.3.5 stop（停止）设置 .mp4

【操练 + 视频】
——stop（停止）设置

STEP 01 通过 /imagine 指令输入相应的关键词，如图 6-55 所示。

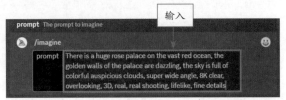

图 6-55　通过 /imagine 指令输入关键词

STEP 02 按 Enter 键确认，即可按系统默认的设置生成图片，效果如图 6-56 所示。可以看到，此时生成的图片是比较清晰的，观赏效果非常好。

图 6-56　按系统默认的设置生成图片的效果

STEP 03 通过 /imagine 指令输入相同的关键词，在关键词的后面添加具体的 --stop 指令，如 --stop 50 指令，如图 6-57 所示。

图 6-57　通过 /imagine 指令输入关键词并添加 --stop 指令

STEP 04 按 Enter 键确认，即可根据 --stop 指令生成图片，效果如图 6-58 所示。可以看到，此时生成的图片比较模糊，观赏效果非常差。

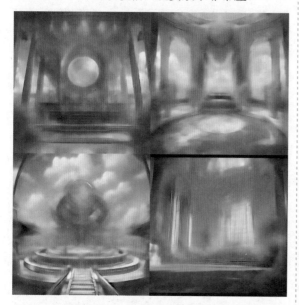

图 6-58　根据 --stop 指令生成的图片效果

6.3.6　Niji（模型）设置

Niji 是 Midjourney 和 Spellbrush 合作推出的一款专门针对动漫和二次元风格的 AI 模型，可通过在关键词后添加 --niji 指令来调用。下面就来介绍通过 Niji（模型）设置生成图片的具体操作技巧。

素材文件	无
效果文件	效果＼第 6 章＼6.3.6 Niji（模型）设置
视频文件	视频＼第 6 章＼6.3.6 Niji（模型）设置 .mp4

【操练＋视频】
——Niji（模型）设置

STEP 01 通过 /imagine 指令输入相应的关键词，如图 6-59 所示。

图 6-59　通过 /imagine 指令输入关键词

STEP 02 按 Enter 键确认，即可按系统默认的设置生成图片，效果如图 6-60 所示。可以看到，此时生成的图片具有一定的真实感。

图 6-60　按系统默认设置生成的图片

STEP 03 通过 /imagine 指令输入相同的关键词，在关键词的后面添加 --niji 指令，如图 6-61 所示。

图 6-61　通过 /imagine 指令输入关键词并添加 --niji 指令

STEP 04 按 Enter 键确认，即可根据 --niji 指令生成图片，效果如图 6-62 所示。可以看到，此时生成的图片是偏向二次元风格的。

图 6-62　根据 --niji 指令生成的图片效果

6.3.7　tile（重复磁贴）设置

在 Midjourney 中使用 tile 指令生成的图片可用作重复磁贴，生成一些重复、无缝的图案元素。下面就来介绍具体的操作技巧。

素材文件	无
效果文件	效果\第 6 章\6.3.7 tile（重复磁贴）设置
视频文件	视频\第 6 章\6.3.7 tile（重复磁贴）设置 .mp4

【操练 + 视频】
——tile（重复磁贴）设置

STEP 01 通过 /imagine 指令输入相应的关键词，如图 6-63 所示。

图 6-63　通过 /imagine 指令输入关键词

STEP 02 按 Enter 键确认，即可按系统默认的设置生成图片，效果如图 6-64 所示。可以看到，

此时图片中物体的分布错落有致，看上去比较自然。

图 6-64　按系统默认设置生成的图片

STEP 03 通过 /imagine 指令输入相同的关键词，并在关键词的后面添加 --tile 指令，如图 6-65 所示。

图 6-65　通过 /imagine 指令输入关键词并添加 --tile 指令

STEP 04 按 Enter 键确认，即可根据 --tile 指令生成图片，效果如图 6-66 所示。可以看到，此时图片中出现了一些重复的元素，而且物体都靠得很近。

图 6-66　根据 --tile 指令生成的图片效果

6.3.8　iw（图像权重）设置

在 Midjourney 中以图生图时，使用 iw 指令可以提升图像权重，即调整提示的图像（参考图）与文本部分（提示词）的重要性。用户使用的 iw 值（取值范围为 0.5 ～ 2）越大，表明上传的图片对输出的结果影响越大。注意，Midjourney 中的参数值如果为小数且个位为 0 时，只需加小数点即可，前面的 0 不用写。下面介绍 iw 指令的使用方法。

	素材文件	素材 \ 第 6 章 \6.3.8 iw（图像权重）设置 .png
	效果文件	效果 \ 第 6 章 \6.3.8 iw（图像权重）设置 .png
	视频文件	视频 \ 第 6 章 \6.3.8 iw（图像权重）设置 .mp4

【操练＋视频】
——iw（图像权重）设置

STEP 01 在 Midjourney 中使用 /describe 指令上传一张参考图，并生成相应的提示词，如图 6-67 所示。

STEP 02 单击生成的图片，在弹出的预览图中单击鼠标右键，在弹出的快捷菜单中选择"复制图片地址"命令，如图 6-68 所示，复制图片链接。

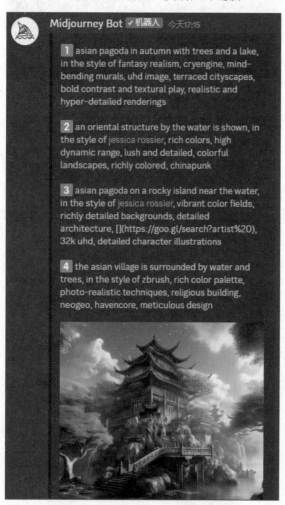

图 6-67　生成相应的提示词

图 6-68　选择"复制图片地址"命令

STEP 03 调用 imagine 指令，将复制的图片链接和第 1 段提示词输入 prompt 输入框中，并在后面输入 --iw 2 指令，如图 6-69 所示。

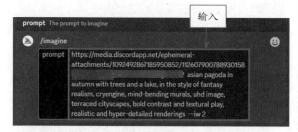

图 6-69　输入相应的图片链接、提示词和指令

STEP 04 按 Enter 键确认，即可生成与参考图风格极其相似的图片效果，如图 6-70 所示。

图 6-70　生成与参考图相似的图片效果

STEP 05 单击 U1 按钮，生成第 1 张图的大图效果，如图 6-71 所示。

图 6-71　生成第 1 张图的大图效果

6.3.9　prefer option set（首选项设置）

通过 Midjourney 进行 AI 绘画时，我们可以使用 /prefer option set 指令，将一些常用的关键词保存在一个标签中，这样每次绘画时不用重复输入一些相同的关键词。下面介绍使用 /prefer option set 指令绘画的操作方法。

素材文件	无
效果文件	效果 \ 第 6 章 \6.3.9　prefer option set（首选项设置）.png
视频文件	视频 \ 第 6 章 \6.3.9　prefer option set（首选项设置）.mp4

【操练 + 视频】
——prefer option set（首选项设置）

STEP 01 在 Midjourney 窗口下面的输入框内输入 /，在弹出的列表框中选择 /prefer option set 指令，如图 6-72 所示。

图 6-72　选择 /prefer option set 指令

STEP 02 执行操作后，在 option（选项）文本框中输入相应名称，如 ABC，如图 6-73 所示。

图 6-73　输入相应名称

STEP 03 执行操作后，单击"增加 1"按钮，在上方的"选项"列表框中选择 value（参数值）选项，如图 6-74 所示。

图 6-74　选择 value 选项

STEP 04 在 value 文本框中输入相应的关键词，如图 6-75 所示。这里的关键词就是我们要添加的一些固定的指令。

图 6-75　输入相应的关键词

STEP 05 按 Enter 键确认，即可将上述关键词保存到 Midjourney 的服务器中（如图 6-76 所示），从而给这些关键词打上一个统一的标签，标签名称就是 ABC。

图 6-76　储存关键词

STEP 06 在 Midjourney 中通过 /imagine 指令输入相应的关键词，主要用于描述主体，在关键词的后面添加空格，并输入 --ABC 指令，即调用 ABC 标签，如图 6-77 所示。

图 6-77　输入描述主体的关键词和 --ABC 指令

STEP 07 按 Enter 键确认，即可生成相应的图片，效果如图 6-78 所示。可以看到，Midjourney 在绘画时会自动添加 ABC 标签中的关键词。

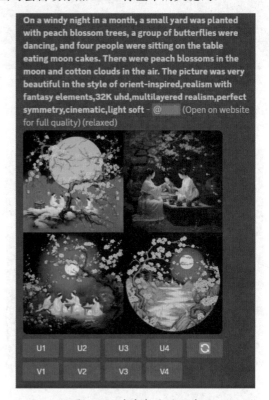

图 6-78　生成相应的照片

STEP 08 单击 U1 按钮，生成第 1 张图的大图效果，如图 6-79 所示。

图 6-79　生成第 1 张图的大图效果

第7章

How: 人像绘画实战案例

章前知识导读

通过 AI 绘画，用户不仅可以快速绘制人像，还能通过换脸功能直接使用已生成的绘画中的各种元素，将 AI 人像绘画变成自己的照片。本章将通过具体的实战案例，让大家快速掌握人像绘画的技巧。

新手重点索引

- 传统肖像绘画
- 环境人像绘画
- 儿童人像绘画
- 古风人像绘画
- 情侣照绘画

- 生活人像绘画
- 私房人像绘画
- 纪实人像绘画
- 婚纱照绘画
- 证件照绘画

效果图片欣赏

▶7.1◀ 传统肖像绘画

传统肖像是一种以人物为主题的摄影形式，通常注重捕捉人物的面部表情、姿态和特征。传统肖像更强调对人物的形象、个性和情感的揭示，通过使用合适的光线、背景和构图技巧来呈现人物的真实或理想形象。

传统肖像摄影常常在摄影棚内或户外场景中进行，借助专业摄影设备和技术，通过合适的姿势、表情和衣着来塑造人物的形象。其实，用 AI 绘图工具也可以快速生成传统肖像作品。下面介绍利用 InsightFaceSwap 协同 Midjourney 生成传统肖像作品的操作方法。

素材文件	素材 \ 第 7 章 \7.1 传统肖像绘画（1）、（2）.png
效果文件	效果 \ 第 7 章 \7.1 传统肖像绘画（1）、（2）.png
视频文件	视频 \ 第 7 章 \7.1 传统肖像绘画 .mp4

【操练＋视频】
——传统肖像绘画

STEP 01 在 Midjourney 窗口下面的输入框内输入 /，在弹出的列表框中，单击左侧的 InsightFaceSwap 图标■，如图 7-1 所示。

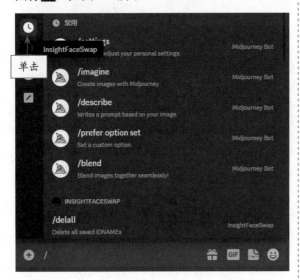

图 7-1 单击 InsightFaceSwap 图标

STEP 02 选择 /saveid（保存 id）指令，如图 7-2 所示。

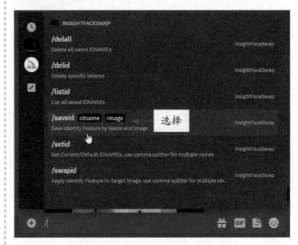

图 7-2 选择 /saveid 指令

STEP 03 输入相应的 idname（身份名称），如图 7-3 所示。idname 可以为任意少于 8 位的英文字符和数字。

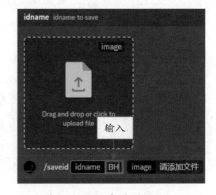

图 7-3 输入相应的 idname

STEP 04 单击上传按钮■，在弹出的"打开"对话框中，选择一张面部清晰的图片，单击"打开"按钮，如图 7-4 所示。

图 7-4　单击"打开"按钮

▶ 温馨提示

　　InsightFaceSwap 是一款专门用于人像处理的 Discord 官方插件，能够批量且精准地替换人物脸部，同时不会改变图片中的其他内容。

STEP 05　执行上述操作后，即可将该人物图片添加至 idname 中，如图 7-5 所示。

图 7-5　将人物图片添加至 idname 中

STEP 06　按 Enter 键确认，即可成功创建 idname，如图 7-6 所示。

STEP 07　通过 /imagine 指令输入要替换的人物肖像的相应关键词，如图 7-7 所示。

图 7-6　成功创建 idname

图 7-7　输入要替换的人物肖像的相应关键词

STEP 08　按 Enter 键确认，使用 /imagine 指令生成人物肖像图片，如图 7-8 所示。

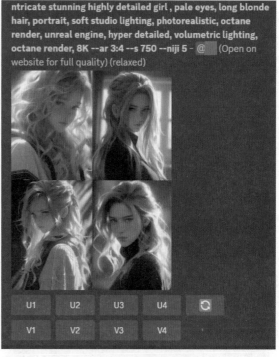

图 7-8　生成人物肖像图片

STEP 09　单击 U 按钮，放大其中一张图片，如单击 U4 按钮，效果如图 7-9 所示。

ntricate stunning highly detailed girl , pale eyes, long blonde hair, portrait, soft studio lighting, photorealistic, octane render, unreal engine, hyper detailed, volumetric lighting, octane render, 8K --ar 3:4 --s 750 --niji 5 - Image #4

图 7-9　放大其中一张图片

STEP 10 在大图上单击鼠标右键，在弹出的快捷菜单中选择 APP（应用程序）| INSwapper（替换目标图像的面部）命令，如图 7-10 所示。

图 7-10　选择 INSwapper 命令

STEP 11 执行操作后，InsightFaceSwap 即可替换人物面部，效果如图 7-11 所示。

图 7-11　替换人物面部效果

STEP 12 另外，用户也可以在 Midjourney 窗口下面的输入框内输入 /，在弹出的列表框中选择 /swapid（换脸）指令，如图 7-12 所示。

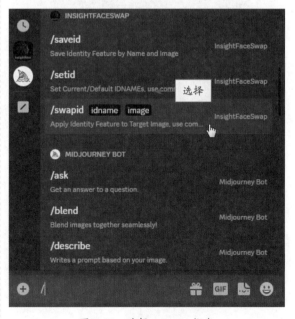

图 7-12　选择 /swapid 指令

STEP 13 输入刚才创建的 idname，并单击上传按钮，如图 7-13 所示。

图 7-13　单击上传按钮

STEP 14 在弹出的"打开"对话框中，选择一张面部清晰的人物图片，单击"打开"按钮，如图 7-14 所示。

图 7-14　单击"打开"按钮

STEP 15 执行操作后，即可将该人物图片添加至 idname 中，如图 7-15 所示。

STEP 16 按 Enter 键确认，即可调用 InsightFaceSwap 机器人替换底图中的人脸，效果如图 7-16 所示。

图 7-15　将人物图片添加至 idname 中

图 7-16　替换人脸效果

7.2 生活人像绘画

生活人像是一种以真实生活场景为背景的人像摄影形式，与传统肖像摄影不同，它更加注重捕捉人物在日常生活中的真实情感、动作和环境。

生活人像摄影追求自然、真实和情感的表达，通过记录人物的日常活动、交流和情感体验，强调生活中的细微瞬间，让观众感受到真实而独特的人物故事。下面介绍利用 InsightFaceSwap 协同 Midjourney 生成生活人像作品的操作方法。

素材文件	素材 \ 第 7 章 \7.2 生活人像绘画 .png	
效果文件	效果 \ 第 7 章 \7.2 生活人像绘画 .png	
视频文件	视频 \ 第 7 章 \7.2 生活人像绘画 .mp4	

【操练＋视频】
——生活人像绘画

STEP 01 在 Midjourney 窗口下面的输入框内输入 /，选择 InsightFaceSwap 中的 /saveid（保存 id）指令，输入相应的 idname（身份名称），并添加一张面部清晰的人物图片，如图 7-17 所示。

图 7-17　添加一张面部清晰的人物图片

STEP 02 按 Enter 键确认，即可成功创建 idname，如图 7-18 所示。

STEP 03 通过 /imagine 指令输入要替换的生活人像的相应关键词，如图 7-19 所示。

STEP 04 按 Enter 键确认，使用 /imagine 指令生成生活人像图片，如图 7-20 所示。

图 7-18　成功创建 idname

图 7-19　输入要替换的生活人像的相应关键词

图 7-20　生成人物肖像图片

STEP 05 单击 U 按钮，放大其中一张图片，如单击 U3 按钮，效果如图 7-21 所示。

图 7-21　放大其中一张图片

STEP 07 执行操作后，InsightFaceSwap 即可替换人物面部，效果如图 7-23 所示。

▶ 温馨提示

　　在使用 AI 生成生活人像照片时，需要加入一些户外或居家环境的关键词，并添加合适的构图、光线和纪实摄影等专业摄影类的关键词，从而将人物与环境融合在一起，创造出具有故事性和情感共鸣的 AI 作品。

STEP 06 在大图上单击鼠标右键，在弹出的快捷菜单中选择 APP（应用程序）| INSwapper（替换目标图像的面部）命令，如图 7-22 所示。

图 7-22　选择 INSwapper 命令

图 7-23　替换人物面部效果

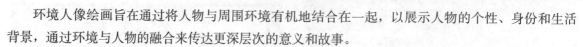

7.3 环境人像绘画

环境人像绘画旨在通过将人物与周围环境有机地结合在一起，以展示人物的个性、身份和生活背景，通过环境与人物的融合来传达更深层次的意义和故事。

在 AI 人像摄影中，环境人像更加注重环境关键词的描述，需要将人物置于具有特定意义或符号的背景中，环境同样也是主体之一，并且通过环境来突出主体。

用户可以使用 Midjourney 中的 /blend（混合）指令快速上传多张图片，然后将它们混合成一张新的图片。下面介绍利用 Midjourney 合成环境人像作品的操作方法。

	素材文件	素材＼第 7 章＼7.3 环境人像绘画（1）、（2）.png
	效果文件	效果＼第 7 章＼7.3 环境人像绘画 .png
	视频文件	视频＼第 7 章＼7.3 环境人像绘画 .mp4

【操练＋视频】
——环境人像绘画

STEP 01 在 Midjourney 窗口下面的输入框内输入 /，在弹出的列表框中选择 /blend 指令，会出现两个图片框，单击左侧的上传按钮📷，添加人像和环境图片，如图 7-24 所示。

图 7-24　添加人像和环境图片

STEP 02 连续按两次 Enter 键，Midjourney 会自动完成图片的混合操作，并生成 4 张新的图片，这是没有添加任何关键词的效果，如图 7-25 所示。

图 7-25　生成 4 张新的图片

STEP 03 单击 U3 按钮，放大第 3 张图片，效果如图 7-26 所示。

▶ 温馨提示

/blend 指令最多可处理 5 张图片，如果用户要使用 5 张以上的图片，可使用 /imagine 指令。为了获得最佳的图片混合效果，用户可以上传与自己想要的结果具有相同宽高比的图片。

图 7-26　放大第 3 张图片效果

7.4　私房人像绘画

私房人像是指在私人居所或私密环境中拍摄的人像照片，着重于展现人物的亲密性和自然状态。私房人像摄影常常在家庭、个人生活空间或特定的私人场所进行，通过独特的场景布置、温馨的氛围和真实的情感来捕捉个人的生活状态，创造独特的形象和记忆。

在用 AI 生成私房人像照片时，需要强调舒适和放松的氛围感，让人物在熟悉的环境中表现出更为自然的状态，并营造出更贴近真实生活的画面感。下面介绍利用 InsightFaceSwap 协同Midjourney 生成私房人像作品的操作方法。

	素材文件	素材 \ 第 7 章 \7.4　私房人像绘画 .png
	效果文件	效果 \ 第 7 章 \7.4　私房人像绘画 .png
	视频文件	视频 \ 第 7 章 \7.4　私房人像绘画 .mp4

【操练 + 视频】
——私房人像绘画

STEP 01 在 Midjourney 窗口下面的输入框内输入/，选择 InsightFaceSwap 中的 /saveid（保存 id）指令，输入相应的 idname（身份名称），并添加一张面部清晰的人物图片，如图 7-27 所示。

STEP 02 按 Enter 键确认，即可成功创建 idname，

如图 7-28 所示。

图 7-27　添加一张面部清晰的人物图片

图 7-28　成功创建 idname

STEP 03 通过 /imagine 指令输入要替换的私房人像的相应关键词，如图 7-29 所示。

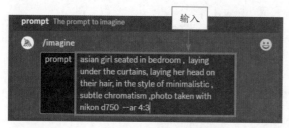

图 7-29 输入要替换的私房人像的相应关键词

STEP 04 按 Enter 键确认，使用 /imagine 指令生成私房人像图片，如图 7-30 所示。

图 7-30 生成人物肖像图片

STEP 05 单击 U 按钮，放大其中一张图片，如单击 U2 按钮，效果如图 7-31 所示。

STEP 06 在大图上单击鼠标右键，在弹出的快捷菜单中选择 APP（应用程序）| INSwapper（替换目标图像的面部）命令，如图 7-32 所示。

图 7-31 放大其中一张图片

图 7-32 选择 INSwapper 命令

STEP 07　执行操作后，InsightFaceSwap 即可替换人物面部，效果如图 7-33 所示。

图 7-33　替换人物面部效果

7.5　儿童人像绘画

儿童人像是一种专注于拍摄儿童的摄影形式，旨在捕捉孩子们纯真、活泼和可爱的瞬间，记录他们的成长过程和个性。

在用 AI 生成儿童人像照片时，关键词的重点在于展现出儿童的真实表情和情感，同时还要描述合适的环境和背景，以及准确捕捉到他们的笑容、眼神或动作等瞬间状态。下面介绍利用 InsightFaceSwap 协同 Midjourney 生成儿童人像作品的操作方法。

素材文件	素材 \ 第 7 章 \7.5　儿童人像绘画 .png
效果文件	效果 \ 第 7 章 \7.5　儿童人像绘画 .png
视频文件	视频 \ 第 7 章 \7.5　儿童人像绘画 .mp4

【操练 + 视频】
——儿童人像绘画

STEP 01　在 Midjourney 窗口下面的输入框内输入 /，选择 InsightFaceSwap 中的 /saveid（保存 id）指令，输入相应的 idname（身份名称），并添加一张面部清晰的人物图片，如图 7-34 所示。

图 7-34　添加一张面部清晰的人物图片

STEP 02 按 Enter 键确认，即可成功创建 idname，如图 7-35 所示。

图 7-35　成功创建 idname

STEP 03 通过 /imagine 指令输入要替换的儿童人像的相应关键词，如图 7-36 所示。

图 7-36　输入要替换的儿童人像的相应关键词

STEP 04 按 Enter 键确认，使用 /imagine 指令生成儿童人像图片，如图 7-37 所示。

STEP 05 单击 U 按钮，放大其中一张图片，如单击 U3 按钮，效果如图 7-38 所示。

图 7-37　生成人物肖像图片

图 7-38　放大其中一张图片

STEP 06 在大图上单击鼠标右键，在弹出的快捷菜单中选择 APP（应用程序）| INSwapper（替换目标图像的面部）命令，如图 7-39 所示。

STEP 07 执行操作后，InsightFaceSwap 即可替换人物面部，效果如图 7-40 所示。

图 7-39　选择 INSwapper 命令

图 7-40　替换人物面部效果

7.6　纪实人像绘画

　　纪实人像是一种以记录真实生活场景和人物为目的的摄影形式，它强调捕捉人物的真实情感、日常生活以及社会背景，以展现真实的故事情节。

　　在用 AI 生成纪实人像照片时，关键词的描述应该力求捕捉到人物真实的表情、情感和个性，以便让人物自然而然地展示出真实的一面。纪实人像 AI 摄影的常用关键词有 in the style of candid photography style（坦率的摄影风格）、realist: lifelike accuracy（现实主义：逼真的准确性）等。下面介绍利用 InsightFaceSwap 协同 Midjourney 生成纪实人像作品的操作方法。

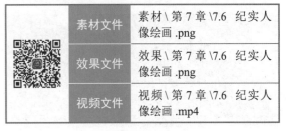

	素材文件	素材 \ 第 7 章 \7.6 纪实人像绘画 .png
	效果文件	效果 \ 第 7 章 \7.6 纪实人像绘画 .png
	视频文件	视频 \ 第 7 章 \7.6 纪实人像绘画 .mp4

**【操练 + 视频】
——纪实人像绘画**

STEP 01　在 Midjourney 窗口下面的输入框内输入 /，选择 InsightFaceSwap 中的 /saveid（保存 id）指令，输入相应的 idname（身份名称），并添加一张面部清晰的人物图片，如图 7-41 所示。

图 7-41　添加一张面部清晰的人物图片

STEP 02 按 Enter 键确认，即可成功创建 idname，如图 7-42 所示。

图 7-42　成功创建 idname

STEP 03 通过 /imagine 指令输入要替换的纪实人像的相应关键词，如图 7-43 所示。

图 7-43　输入要替换的纪实人像的相应关键词

STEP 04 按 Enter 键确认，使用 /imagine 指令生成纪实人像图片，如图 7-44 所示。

STEP 05 单击 U 按钮，放大其中一张图片，如单击 U2 按钮，效果如图 7-45 所示。

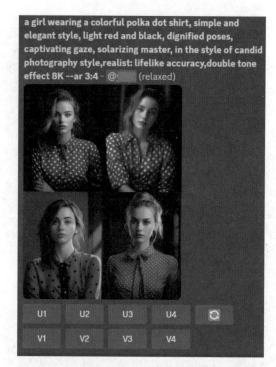

图 7-44　生成纪实人像图片

图 7-45　放大其中一张图片

STEP 06 在大图上单击鼠标右键，在弹出的快捷菜单中选择 APP（应用程序）| INSwapper（替换目标图像的面部）命令，如图 7-46 所示。

STEP 07 执行操作后，InsightFaceSwap 即可替换人物面部，效果如图 7-47 所示。

图 7-46　选择 INSwapper 命令

图 7-47　替换人物面部效果

7.7　古风人像绘画

古风人像是一种以古代风格、服饰和氛围为主题的人像摄影形式，它追求传统美感，通过细致的布景、服装和道具，将人物置于古风背景中，创造出古典而优雅的画面。下面介绍利用 InsightFaceSwap 协同 Midjourney 生成古风人像作品的操作方法。

	素材文件	素材 \ 第 7 章 \7.7　古风人像绘画 .png
	效果文件	效果 \ 第 7 章 \7.7　古风人像绘画 .png
	视频文件	视频 \ 第 7 章 \7.7　古风人像绘画 .mp4

【操练 + 视频】
——古风人像绘画

STEP 01 在 Midjourney 窗口下面的输入框内输入 /，选择 InsightFaceSwap 中的 /saveid（保存 id）指令，输入相应的 idname（身份名称），并添加一张面部清晰的人物图片，如图 7-48 所示。

图 7-48　添加一张面部清晰的人物图片

STEP 02 按 Enter 键确认，即可成功创建 idname，如图 7-49 所示。

图 7-49　成功创建 idname

STEP 03 通过 /imagine 指令输入要替换的古风人像的相应关键词，如图 7-50 所示。

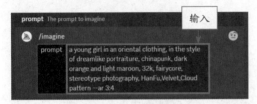

图 7-50　输入要替换的古风人像的相应关键词

STEP 04 按 Enter 键确认，使用 /imagine 指令生成古风人像图片，如图 7-51 所示。

图 7-51　生成古风人像图片

STEP 05 单击 U 按钮，放大其中一张图片，如单击 U4 按钮，效果如图 7-52 所示。

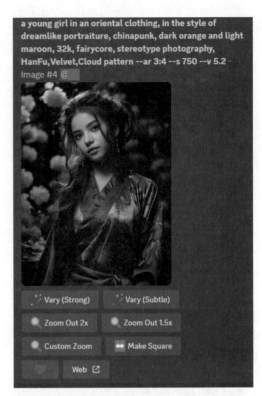

图 7-52　放大其中一张图片

STEP 06 在大图上单击鼠标右键，在弹出的快捷菜单中选择 APP（应用程序）| INSwapper（替换目标图像的面部）命令，如图 7-53 所示。

图 7-53　选择 INSwapper 命令

STEP 07 执行操作后，InsightFaceSwap 即可替换人物面部，效果如图 7-54 所示。

图 7-54　替换人物面部效果

在用 AI 生成古风人像照片时，可以添加以下关键词来营造古风氛围。

（1）Silk（绸缎）：高贵、典雅的丝织品。

（2）HanFu（汉服）：中国古代的传统服饰。

（3）Gugin（古琴）：中国古代的弹拨乐器。

（4）Velvet（金丝绒）：柔软、光泽度高的纺织面料。

（5）Cloud pattern（云纹）：模拟云层纹路的装饰元素。

（6）Ancient coins（古代钱币）：代表着不同朝代的文化。

（7）Dragon and phoenix（龙凤）：中国传统的吉祥图案。

（8）Classical architecture（古典建筑）：古风特色的建筑。

7.8　婚纱照绘画

婚纱照是指人物穿着婚纱礼服的照片，在用 AI 生成这类照片时，可以添加 Wedding Dress（婚纱）、bride（新娘）、flowers（鲜花）等关键词，以创造出唯美、永恒的氛围感。下面介绍利用 InsightFaceSwap 协同 Midjourney 生成婚纱照绘画作品的操作方法。

	素材文件	素材 \ 第 7 章 \7.8　婚纱照绘画 .png
	效果文件	效果 \ 第 7 章 \7.8　婚纱照绘画 .png
	视频文件	视频 \ 第 7 章 \7.8　婚纱照绘画 .mp4

【操练 + 视频】
——婚纱照绘画

STEP 01 在 Midjourney 窗口下面的输入框内输入 /，选择 InsightFaceSwap 中的 /saveid（保存 id）指令，输入相应的 idname（身份名称），并添加一张面部清晰的人物图片，如图 7-55 所示。

图 7-55　添加一张面部清晰的人物图片

STEP 02 按 Enter 键确认，即可成功创建 idname，如图 7-56 所示。

图 7-56　成功创建 idname

STEP 03 通过 /imagine 指令输入要替换的婚纱照的相应关键词，如图 7-57 所示。

图 7-57　输入要替换的婚纱照的相应关键词

STEP 04 按 Enter 键确认，使用 /imagine 指令生成婚纱照图片，如图 7-58 所示。

图 7-58　生成婚纱照图片

STEP 05 单击 U 按钮，放大其中一张图片，如单击 U4 按钮，效果如图 7-59 所示。

图 7-59　放大其中一张图片

STEP 06 在大图上单击鼠标右键，在弹出的快捷菜单中选择 APP（应用程序）| INSwapper（替换目标图像的面部）命令，如图 7-60 所示。

图 7-60　选择 INSwapper 命令

STEP 07 执行操作后，InsightFaceSwap 即可替换人物面部，效果如图 7-61 所示。

图 7-61　替换人物面部效果

7.9　情侣照绘画

情侣照是指拍摄的情侣合影照片，能够传递出情侣之间温馨、幸福的画面感。下面介绍利用 InsightFaceSwap 协同 Midjourney 生成情侣照绘画作品的操作方法。

素材文件	素材 \ 第 7 章 \7.9　情侣照绘画 .png
效果文件	效果 \ 第 7 章 \7.9　情侣照绘画 .png
视频文件	视频 \ 第 7 章 \7.9　情侣照绘画 .mp4

【操练 + 视频】
——情侣照绘画

STEP 01 在 Midjourney 窗口下面的输入框内输入 /，选择 InsightFaceSwap 中的 /saveid（保存 id）指令，输入相应的 idname（身份名称），并添加一张面部清晰的人物图片，如图 7-62 所示。

图 7-62　添加一张面部清晰的人物图片

STEP 02 按 Enter 键确认，即可成功创建 idname，如图 7-63 所示。

STEP 03 通过 /imagine 指令输入要替换的情侣照的相应关键词，如图 7-64 所示。

图 7-63　成功创建 idname

图 7-64　输入要替换的情侣照的相应关键词

STEP 04 按 Enter 键确认，使用 /imagine 指令生成情侣照图片，如图 7-65 所示。

图 7-65　生成情侣照图片

STEP 05 单击 U 按钮，放大其中一张图片，如单击 U3 按钮，效果如图 7-66 所示。

STEP 06 在大图上单击鼠标右键，在弹出的快捷菜单中选择 APP（应用程序）| INSwapper（替换目标图像的面部）命令，如图 7-67 所示。

图 7-66　放大其中一张图片

图 7-67　选择 INSwapper 命令

STEP 07 执行操作后，InsightFaceSwap 即可替换人物面部，效果如图 7-68 所示。

图 7-68　替换人物面部效果

▶ 温馨提示

　　在用 AI 绘制情侣照时，关键词的描述要点包括以下几个方面。

　　（1）亲密姿势：情侣之间展现亲密的姿势，如拥抱、牵手等。

　　（2）自然表情：捕捉真实、放松的表情，展现情侣之间的快乐和真诚。

　　（3）背景环境：选择有特殊意义的背景，如浪漫的风景或重要的地点。

　　（4）服装搭配：合理搭配服装，突出情侣之间的和谐和个性。

▶ 7.10 ◀ 证件照绘画

　　证件照是指用于个人身份认证的照片，通常用于证件、文件或注册等场合。在用 AI 生成证件照时，可以加入清晰度、面部表情（自然、端庄）、背景色彩（通常为纯色背景，如白色、红色或浅蓝色）、服装装扮（整洁得体）、光线和阴影（照明应均匀）等关键词，从而准确地反映个人特征和形象。下面介绍利用 InsightFaceSwap 协同 Midjourney 生成婚纱照绘画作品的操作方法。

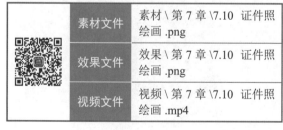

素材文件	素材 \ 第 7 章 \7.10 证件照绘画 .png
效果文件	效果 \ 第 7 章 \7.10 证件照绘画 .png
视频文件	视频 \ 第 7 章 \7.10 证件照绘画 .mp4

【操练 + 视频】
——证件照绘画

STEP 01 在 Midjourney 窗口下面的输入框内输入 /，选择 InsightFaceSwap 中的 /saveid（保存 id）指令，输入相应的 idname（身份名称），并添加一张面部清晰的人物图片，如图 7-69 所示。

STEP 02 按 Enter 键确认，即可成功创建 idname，如图 7-70 所示。

图 7-69　添加一张面部清晰的人物图片

图 7-70　成功创建 idname

STEP 03 通过 /imagine 指令输入要替换的证件照的相应关键词，如图 7-71 所示。

STEP 04 按 Enter 键确认，使用 /imagine 指令生成证件照图片，如图 7-72 所示。

图 7-71 输入要替换的证件照的相应关键词

STEP 05 单击 U 按钮，放大其中一张图片，如单击 U4 按钮，效果如图 7-73 所示。

STEP 06 在大图上单击鼠标右键，在弹出的快捷菜单中选择 APP（应用程序）| INSwapper（替换目标图像的面部）命令，如图 7-74 所示。

STEP 07 执行操作后，InsightFaceSwap 即可替换人物面部，效果如图 7-75 所示。

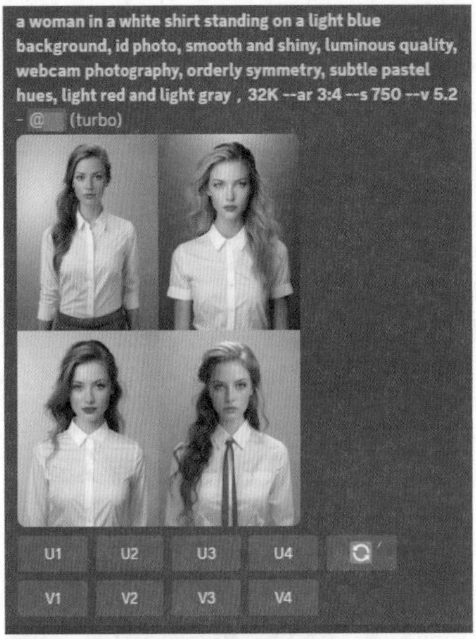

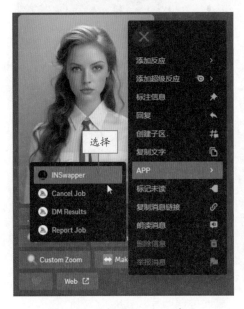

图 7-72 生成证件照图片

图 7-73 放大其中一张图片

图 7-74 选择 INSwapper 命令

图 7-75 替换人物面部效果

第8章

How：艺术绘画实战案例

章前知识导读

　　AI 绘画技术不仅可以模拟各种传统艺术风格，还能够自主生成全新的艺术作品，对于推动艺术的发展具有重要的意义。本章将通过介绍一些具体的 AI 艺术绘画实战案例，来深入地探讨 AI 技术在绘画领域的应用技巧。

新手重点索引

- 绘制艺术画
- 绘制怀旧漫画
- 绘制概念插画
- 绘制炫彩插画
- 绘制像素画

- 绘制二次元漫画
- 绘制超现实主义作品
- 绘制明亮插画
- 绘制中国风作品
- 绘制动画风作品

效果图片欣赏

8.1　绘制艺术画

艺术画是指以各种视觉艺术形式表现出来的具有审美价值的艺术作品，它是通过绘画技法和色彩运用来表达作者的个人情感、思想和审美理念，使观众在欣赏过程中获得审美体验的艺术形式。

艺术画在文化传承和人类文明发展中具有重要的地位，不仅展示了人类的审美追求和文化内涵，也为后代留下了宝贵的艺术遗产。

在当代，随着科技的不断发展，数字艺术也逐渐成为艺术画的一种新形式，通过计算机技术和数字媒体进行创作，不仅为用户带来了更加广阔的创作空间和可能性，同时也为艺术的多元化发展做出了贡献。

艺术画的种类繁多，包括肖像画、风景画、抽象画等。每种画风都有其独特的风格和特点，反映了作者对世界的感知和表达方式。通常来说，艺术绘画作品的具体绘制流程为：描述画面主体、补充画面细节、指定画面色调、设置画面参数、指定艺术风格和设置画面尺寸等。下面以肖像画为例，介绍用 ChatGPT 和 Midjourney 绘制艺术画的操作方法。

素材文件	无
效果文件	效果 \ 第 8 章 \8.1　绘制艺术画 .png
视频文件	视频 \ 第 8 章 \8.1　绘制艺术画 .mp4

【操练＋视频】
——绘制艺术画

STEP 01 通过 ChatGPT 获取画面主体和细节的关键词，如在 ChatGPT 中输入关键词"请用 200 字描述一下西施的相貌特点"，ChatGPT 的回答如图 8-1 所示。

图 8-1　使用 ChatGPT 生成关键词

STEP 02 从 ChatGPT 的回答中总结出相应的关键词（西施，古代美女，相貌出众，眼睛明亮有神，眉毛如画，脸蛋白皙娇嫩，皮肤光滑细腻，鼻子小巧立体，嘴唇红润丰满，微微含笑，下巴精致修长且线条流畅，长发黑亮而柔顺），并通过百度翻译转换为英文，如图 8-2 所示。

图 8-2　将中文关键词翻译为英文

STEP 03 在百度翻译中，输入色调对应的中文词汇，如"柔和色调"，指定画面的色调，如图 8-3 所示。

图 8-3　指定画面的色调

STEP 04 在百度翻译中，输入画面参数对应的中文词汇，如"超高清分辨率"，设置画面的清晰度，如图 8-4 所示。

图 8-4　设置画面的清晰度

STEP 05 在百度翻译中，输入艺术风格对应的中文词汇，如"艺术画"，指定绘画的艺术风格，如图 8-5 所示。

图 8-5　指定绘画的艺术风格

STEP 06 复制百度翻译中的英文词汇，在 Midjourney 窗口下面的输入框内输入 /，选择 /imagine 选项，在输入框中粘贴刚刚复制的英文词汇，如图 8-6 所示。

STEP 07 在粘贴的关键词的末尾添加画面尺寸的相关信息，如 --ar 3 : 4，设置画面的尺寸，如图 8-7 所示。

图 8-6　在输入框中粘贴英文词汇

图 8-7 设置画面的尺寸

STEP 08 按 Enter 键确认，使用 /imagine 指令生成艺术画的图片，如图 8-8 所示。

STEP 09 单击 U4 按钮，生成第 4 张图的大图效果，如图 8-9 所示。

图 8-8 使用 /imagine 指令生成的图片

图 8-9 生成第 4 张图的大图效果

8.2 绘制二次元漫画

二次元漫画是指以动漫为代表的虚构世界，其中的人物、场景和情节都具有强烈的艺术表现形式，也被称为二次元文化。在这种文化中，人物形象经常表现很夸张，展现出各种奇特的特征和特点。下面介绍用 ChatGPT 和 Midjourney 绘制二次元漫画的操作方法。

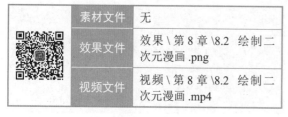

素材文件	无
效果文件	效果 \ 第 8 章 \8.2 绘制二次元漫画 .png
视频文件	视频 \ 第 8 章 \8.2 绘制二次元漫画 .mp4

【操练＋视频】
——绘制二次元漫画

STEP 01 通过 ChatGPT 获取画面主体和细节的关键词，如在 ChatGPT 中输入关键词"请用 200 字描述一个二次元漫画的画面，要求包括人物和具体的场景"，ChatGPT 的回答如图 8-10 所示。

STEP 02 从 ChatGPT 的回答中总结出相应的关键词（古老遗迹，茂密的丛林，身穿银白色战甲、手持巨剑的勇士，拥有翠绿双翼和闪亮大眼睛的精灵小伙伴，遗迹门口散发神秘的光芒，推开门进入广阔的殿堂，墙上挂满英雄与怪物战斗的古老壁画，光线透过彩色玻璃洒在了地面上，殿堂深处有一颗散发光芒的水晶，水晶周围有一群身披铠甲、手持武器的古代守卫者），并通过百度翻译转换为英文，如图 8-11 所示。

STEP 03 在百度翻译中，输入色调、画面参数和艺术风格对应的中文词汇，如"柔和色调，超高清分辨率，二次元漫画"，指定色调、画面的清晰度和艺术风格，如图 8-12 所示。

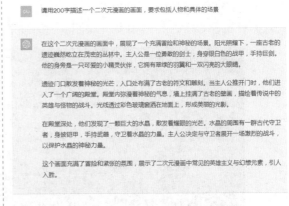

图 8-10　使用 ChatGPT 生成关键词

图 8-11　将中文关键词翻译为英文

图 8-12　指定色调、画面的清晰度和艺术风格

STEP 04 复制百度翻译中的英文词汇，在 Midjourney 窗口下面的输入框内输入 /，选择 /imagine 选项，在输入框中粘贴刚刚复制的英文词汇，并在粘贴的关键词的末尾添加画面尺寸的相关信息，如 --ar 3：4，设置画面的尺寸，如图 8-13 所示。

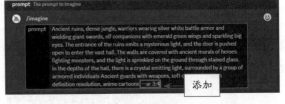

图 8-13　设置画面的尺寸

STEP 05 按 Enter 键确认，使用 /imagine 指令生成二次元漫画的图片，如图 8-14 所示。

STEP 06 单击 U4 按钮，生成第 4 张图的大图效果，如图 8-15 所示。

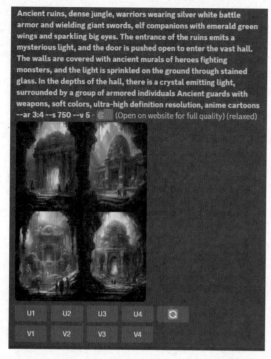

图 8-14　使用 /imagine 指令生成二次元漫画的图片　　　图 8-15　生成第 4 张图的大图效果

　　有时要绘制的信息比较多，可能在一个图片中难以全部展示出来，此时可以将信息分成两部分进行绘制。例如，上面案例中的二次元漫画信息，可以绘制成两张图，如图 8-16 所示。

图 8-16　将二次元漫画信息绘制成两张图

8.3 绘制怀旧漫画

怀旧漫画就是以回忆和怀念过去时代为主题的漫画，这类漫画通常会通过复古的画风、情节和角色来呈现过去的时光，营造出温暖、感伤或怀旧的情绪，从而引起读者的共鸣。下面介绍用 ChatGPT 和 Midjourney 绘制怀旧漫画的操作方法。

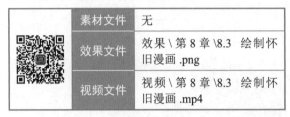

素材文件	无
效果文件	效果 \ 第 8 章 \8.3 绘制怀旧漫画 .png
视频文件	视频 \ 第 8 章 \8.3 绘制怀旧漫画 .mp4

【操练 + 视频】
——绘制怀旧漫画

STEP 01 通过 ChatGPT 获取画面主体和细节的关键词，如在 ChatGPT 中输入关键词"请用 200 字描述一个怀旧漫画的画面，要求包括人物和具体的场景"，ChatGPT 的回答如图 8-17 所示。

STEP 02 从 ChatGPT 的回答中总结出相应的关键词（老式房屋沿街排列，一个穿着宽松短裤、高筒袜子和背心的男孩，他手里拿着捕虫网追着飞舞的蝴蝶，身旁围绕着一群开心的小伙伴，老式游乐园招牌闪耀着灯光，转动的旋转木马和摩天轮，妈妈在准备糖果和冰激凌），并通过百度翻译转换为英文，如图 8-18 所示。

图 8-17 使用 ChatGPT 生成关键词

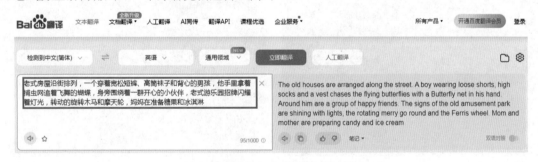

图 8-18 将中文关键词翻译为英文

STEP 03 在百度翻译中，输入色调、画面参数和艺术风格对应的中文词汇，如"柔和色调，超高清分辨率，怀旧漫画"，指定色调、画面的清晰度和艺术风格，如图 8-19 所示。

图 8-19 指定色调、画面的清晰度和艺术风格

STEP 04 复制百度翻译中的英文词汇，在 Midjourney 窗口下面的输入框内输入 /，选择 /imagine 选项，在输入框中粘贴刚刚复制的英文词汇，并在粘贴的关键词的末尾添加画面尺寸的相关信息，如 --ar 3 ：4，设置画面的尺寸，如图 8-20 所示。

图 8-20　设置画面的尺寸

STEP 05 按 Enter 键确认，使用 /imagine 指令生成怀旧漫画的图片，如图 8-21 所示。

STEP 06 单击 U3 按钮，生成第 3 张图的大图效果，如图 8-22 所示。

图 8-21　使用 /imagine 指令生成怀旧漫画的图片

图 8-22　生成第 3 张图的大图效果

8.4　绘制超现实主义作品

　　超现实主义是 20 世纪初期欧洲兴起的一种艺术风格，旨在通过描绘超现实的场景和形象，打破传统意义上对现实的描绘。这种艺术风格不仅在绘画中运用了变形、拼贴等技法，也借鉴了梦境、幻觉等精神领域的元素。

　　超现实主义的绘画作品具有强烈的想象力和独特的审美价值，深刻地表达了艺术家的创造力和个性。下面介绍用 ChatGPT 和 Midjourney 绘制现实主义作品的操作方法。

素材文件	无
效果文件	效果 \ 第 8 章 \8.4　绘制超现实主义作品 .png
视频文件	视频 \ 第 8 章 \8.4　绘制超现实主义作品 .mp4

【操练＋视频】
——绘制超现实主义作品

STEP 01 通过 ChatGPT 获取画面主体和细节的关键词，如在 ChatGPT 中输入关键词"以'我们的科技未来'为主题，用 100 字描述超现实主义的场景"，ChatGPT 的回答如图 8-23 所示。

STEP 02 从 ChatGPT 的回答中总结出相应的关

键词（奇幻世界，虚拟现实，悬浮的城市，建筑物飞舞，智能机器人与人类和谐相处，光线千变万化，色彩斑斓的景观，人们的身体与机械融为一体），并通过百度翻译转换为英文，如图 8-24 所示。

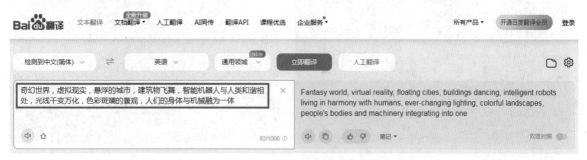

图 8-23　使用 ChatGPT 生成关键词

图 8-24　将中文关键词翻译为英文

STEP 03 在百度翻译中，输入色调、画面参数和艺术风格对应的中文词汇，如"柔和色调，超高清分辨率，超现实主义绘画风格"，指定色调、画面的清晰度和艺术风格，如图 8-25 所示。

图 8-25　指定色调、画面的清晰度和艺术风格

STEP 04 复制百度翻译中的英文词汇，在 Midjourney 窗口下面的输入框内输入 /，选择 /imagine 选项，在输入框中粘贴刚刚复制的英文词汇，并在粘贴的关键词的末尾添加画面尺寸的相关信息，如 --ar 3：4，设置画面的尺寸，如图 8-26 所示。

图 8-26　设置画面的尺寸

STEP 05 按 Enter 键确认，使用 /imagine 指令生成超现实主义的图片，如图 8-27 所示。

STEP 06 单击 U3 按钮，生成第 3 张图的大图效果，如图 8-28 所示。

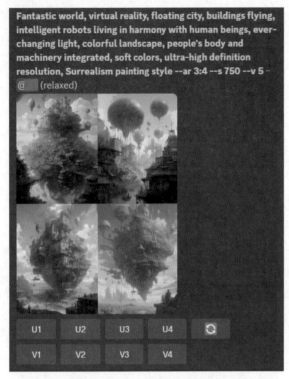

图 8-27　使用 /imagine 指令生成超现实主义的图片

图 8-28　生成第 3 张图的大图效果

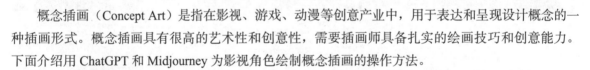

8.5　绘制概念插画

　　概念插画（Concept Art）是指在影视、游戏、动漫等创意产业中，用于表达和呈现设计概念的一种插画形式。概念插画具有很高的艺术性和创意性，需要插画师具备扎实的绘画技巧和创意能力。下面介绍用 ChatGPT 和 Midjourney 为影视角色绘制概念插画的操作方法。

素材文件	无
效果文件	效果 \ 第 8 章 \8.5　绘制概念插画 .png
视频文件	视频 \ 第 8 章 \8.5　绘制概念插画 .mp4

【操练＋视频】
——绘制概念插画

STEP 01 通过 ChatGPT 获取画面主体和细节的关键词，如在 ChatGPT 中输入关键词"请用 200 字左右描述某个影视角色的相貌和身体特征"，ChatGPT 的回答如图 8-29 所示。

图 8-29　使用 ChatGPT 生成关键词

STEP 02 从 ChatGPT 的回答中总结出相应的关键词（高大魁梧的男性，身材结实，肌肉线条紧实，俊朗的脸庞，坚毅的下巴和深邃的眼睛，略显蓬松的黑色头发，面部轮廓线条清晰，皮肤略带古铜色，穿着黑色的紧身战术服装，手臂上有纹身或疤痕，姿态自信而威严，目光犀利而深邃），并通过百度翻译转换为英文，如图 8-30 所示。

图 8-30 将中文关键词翻译为英文

STEP 03 在百度翻译中，输入色调、画面参数和艺术风格对应的中文词汇，如"蓝橙色色调，8k 高清，概念插画"，指定色调、画面的清晰度和艺术风格，如图 8-31 所示。

图 8-31 指定色调、画面的清晰度和艺术风格

STEP 04 复制百度翻译中的英文词汇，在 Midjourney 窗口下面的输入框内输入 /，选择 /imagine 选项，在输入框中粘贴刚刚复制的英文词汇，并在粘贴的关键词的末尾添加画面尺寸的相关信息，如 --ar 9：16，设置画面的尺寸，如图 8-32 所示。

图 8-32 设置画面的尺寸

STEP 05 按 Enter 键确认，使用 /imagine 指令生成概念插画的图片，如图 8-33 所示。

STEP 06 单击 U4 按钮，生成第 4 张图的大图效果，如图 8-34 所示。

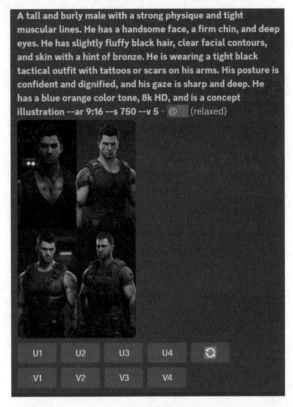

图 8-33　使用 /imagine 指令生成概念插画的图片　　　图 8-34　生成第 4 张图的大图效果

> ● 温馨提示

　　概念插画通过手绘或数字绘画的方式，将角色、场景、道具等设计概念形象化地呈现出来，有助于明确设计方向和构思。概念插画在影视、游戏等产业中扮演着非常重要的角色，不仅能够提高作品的视觉效果，也能够帮助制作团队更好地理解和实现设计概念。

8.6　绘制明亮插画

　　明亮插画是以鲜艳、明亮的色彩为特点的插画形式，这种插画通常会通过鲜明、高对比度和高饱和度的色彩来吸引读者的目光。用明亮插画的形式绘制人物、动物、风景和物品等，可以表达积极向上、愉悦和活泼的情感。在儿童书籍、广告、包装设计、卡通动画等领域，经常可以看到明亮插画。下面介绍用 ChatGPT 和 Midjourney 为影视角色绘制明亮插画的操作方法。

素材文件	无
效果文件	效果 \ 第 8 章 \8.6 绘制明亮插画 .png
视频文件	视频 \ 第 8 章 \8.6 绘制明亮插画 .mp4

【操练 + 视频】
——绘制明亮插画

STEP 01 通过 ChatGPT 获取画面主体和细节的关键词，如在 ChatGPT 中输入关键词 "请用 200 字左右描述某个明亮插画中的人物"，ChatGPT 的回答如图 8-35 所示。

STEP 02 从 ChatGPT 的回答中总结出相应的关键词（活力四溢的年轻女性，穿着鲜艳的黄色连衣裙，裙摆在风中飘动，长发被发卡固定在一侧，眼睛闪烁着光芒，洋溢着自信和喜悦的微笑，双手托着一个盛满绚丽花朵的篮子，站立在花海中，周围环绕着欢快的小鸟，热带风光，沙滩和湛蓝的海洋），并通过百度翻译转换为英文，如图 8-36 所示。

图 8-35　使用 ChatGPT 生成关键词

图 8-36　将中文关键词翻译为英文

STEP 03 在百度翻译中，输入色调、画面参数和艺术风格对应的中文词汇，如 "明亮色调，超高清分辨率，明亮插画"，指定色调、画面的清晰度和艺术风格，如图 8-37 所示。

图 8-37　指定色调、画面的清晰度和艺术风格

STEP 04 复制百度翻译中的英文词汇，在 Midjourney 窗口下面的输入框内输入 /，选择 /imagine 选项，在输入框中粘贴刚刚复制的英文词汇，并在粘贴的关键词的末尾添加画面尺寸的相关信息，如 --ar 9：16，设置画面的尺寸，如图 8-38 所示。

图 8-38　设置画面的尺寸

STEP 05 按 Enter 键确认，使用 /imagine 指令生成明亮插画的图片，如图 8-39 所示。

A vibrant young woman wearing a vibrant yellow dress, with the skirt swaying in the wind, her long hair pinned to one side, her eyes sparkling with confidence and joy, her hands holding a basket full of colorful flowers, standing in the flower sea surrounded by cheerful birds, tropical scenery, beaches, and azure oceans, bright colors, ultra high definition resolution, and bright illustrations --ar 3:4 --s 750 --v 5 --@ (Open on website for full quality) (relaxed)

U1	U2	U3	U4	↻
V1	V2	V3	V4	

图 8-39　使用 /imagine 指令生成明亮插画的图片

STEP 06 单击 U3 按钮，生成第 3 张图的大图效果，如图 8-40 所示。

图 8-40　生成第 3 张图的大图效果

8.7　绘制炫彩插画

炫彩插画是一种用丰富的色彩、对比强烈的颜色进行绘画的插画形式，这种插画的色彩层次丰富，并采用大胆的线条和形状，可以营造出极具吸引力的画面效果。在广告、海报、音乐封面、游戏封面等领域，经常可以看到炫彩插画。下面介绍用 ChatGPT 和 Midjourney 为影视角色绘制炫彩插画的操作方法。

素材文件	无
效果文件	效果 \ 第 8 章 \8.7　绘制炫彩插画 .png
视频文件	视频 \ 第 8 章 \8.7　绘制炫彩插画 .mp4

【操练＋视频】
——绘制炫彩插画

STEP 01 通过 ChatGPT 获取画面主体和细节的关键词，如在 ChatGPT 中输入关键词"请用 100 字左右描述某个炫彩插画的海报"，ChatGPT 的回答如图 8-41 所示。

请用100字左右描述某个炫彩插画的海报

这幅炫彩插画的海报展现了一场绚丽夺目的音乐派对。背景中，彩虹色的光束穿过黑暗的夜空，映照着整个舞台。在舞台上，一个魅力四溢的DJ站在高台上，手中托着一台华丽闪耀的音乐设备。周围的音符和光线交织在一起，创造出充满活力的音乐氛围。整个海报洋溢着狂欢、激情和电力四溢的感觉，吸引着观众的目光，让人沉浸在这场炫目的音乐盛宴中。

图 8-41　使用 ChatGPT 生成关键词

STEP 02 从 ChatGPT 的回答中总结出相应的关键词（绚丽夺目的音乐派对，彩虹色的光束穿过夜空，DJ 站在高台上拿着闪耀的音乐设备，周围的音符和光线交织在一起，充满活力的氛围），并通过百度翻译转换为英文，如图 8-42 所示。

图 8-42 将中文关键词翻译为英文

STEP 03 在百度翻译中，输入色调、画面参数和艺术风格对应的中文词汇，如"绚丽色调，超高清分辨率，炫彩插画"，指定色调、画面的清晰度和艺术风格，如图 8-43 所示。

图 8-43 指定色调、画面的清晰度和艺术风格

STEP 04 复制百度翻译中的英文词汇，在 Midjourney 窗口下面的输入框内输入 /，选择 /imagine 选项，在输入框中粘贴刚刚复制的英文词汇，并在粘贴的关键词的末尾添加画面尺寸的相关信息，如 --ar 9：16，设置画面的尺寸，如图 8-44 所示。

图 8-44 设置画面的尺寸

STEP 05 按 Enter 键确认，使用 /imagine 指令生成炫彩插画的图片，如图 8-45 所示。

STEP 06 单击 U3 按钮，生成第 3 张图的大图效果，如图 8-46 所示。

图 8-45 使用 /imagine 指令生成炫彩插画的图片

图 8-46 生成第 3 张图的大图效果

8.8 绘制中国风作品

中国风绘画是一种表现中国传统文化特色的艺术形式，包括山水、花鸟、人物、动物等多种题材，常用传统的水墨画技法进行表现。中国风绘画不仅具有很高的艺术价值，而且还具有深厚的文化底蕴和历史传承。

中国风绘画强调的是形神兼备，既要表现出物象的外在形态，也要表达出内在的精神气质。同时，中国风绘画非常注重笔墨的韵律和意境的凝练，强调对画面整体的把握和构图的安排。下面介绍用 ChatGPT 和 Midjourney 绘制中国风作品的操作方法。

素材文件	无
效果文件	效果 \ 第 8 章 \8.8 绘制中国风作品 .png
视频文件	视频 \ 第 8 章 \8.8 绘制中国风作品 .mp4

【操练 + 视频】
——绘制中国风作品

STEP 01 通过 ChatGPT 获取画面主体和细节的关

键词，如在 ChatGPT 中输入关键词 "以'中国风水墨画'为主题，用关键词的形式描述一个 50 字的画面场景"，ChatGPT 的回答如图 8-47 所示。

> 以"中国风水墨画"为主题，用关键词的形式描述一个50字的画面场景

> 关键词：墨色浓淡、山石苍劲、松柏挺拔、竹影摇曳、流水潺潺、孤舟寂寥、云雾缭绕、禅意宁静、中国文化、艺术氛围。
>
> 描述：墨色浓淡勾勒出苍劲的山石，松柏挺拔于山间，竹影摇曳生姿。流水潺潺绕过石头，孤舟寂寥漂浮其上，云雾缭绕山巅，散发着禅意的宁静。这是一幅充满中国风水墨画的画面，流露出中国文化和艺术氛围，带给人一种恬静和思考的感觉。

图 8-47 使用 ChatGPT 生成关键词

STEP 02 从 ChatGPT 的回答中总结出相应的关键词（水墨画，墨色浓淡，山石苍劲，松柏挺拔，竹影摇曳，流水潺潺，孤舟寂寥，云雾缭绕，禅意宁静，中国文化，艺术氛围），并通过百度翻译转换为英文，如图 8-48 所示。

图 8-48　将中文关键词翻译为英文

STEP 03 在百度翻译中，输入色调、画面参数和艺术风格对应的中文词汇，如"黑白色调，8k 高清，中国风绘画"，指定色调、画面的清晰度和艺术风格，如图 8-49 所示。

图 8-49　指定色调、画面的清晰度和艺术风格

STEP 04 复制百度翻译中的英文词汇，在 Midjourney 窗口下面的输入框内输入 /，选择 /imagine 选项，在输入框中粘贴刚刚复制的英文词汇，并在粘贴的关键词的末尾添加画面尺寸的相关信息，如 --ar 3 : 4，设置画面的尺寸，如图 8-50 所示。

图 8-50　设置画面的尺寸

STEP 05 按 Enter 键确认，使用 /imagine 指令生成中国风作品的图片，如图 8-51 所示。

STEP 06 单击 U4 按钮，生成第 4 张图的大图效果，如图 8-52 所示。

图 8-51　使用 /imagine 指令生成中国风作品的图片

图 8-52　生成第 4 张图的大图效果

8.9　绘制像素画

　　像素画是以像素为基本绘画单元的绘画形式，它通过将画面分成多个小方格，并使用不同的颜色的像素来填充每个方格，完成图像的绘制。像素画的图像呈现出方块形状的外观，形成独特的复古和像素画风格。下面介绍用 ChatGPT 和 Midjourney 绘制像素画的操作方法。

素材文件	无	
效果文件	效果 \ 第 8 章 \8.9　绘制像素画 .png	
视频文件	视频 \ 第 8 章 \8.9　绘制像素画 .mp4	

【操练＋视频】
——绘制像素画

STEP 01 通过 ChatGPT 获取画面主体和细节的关键词，如在 ChatGPT 中输入关键词"请用 100 字左右描述某个像素画中的内容"，ChatGPT 的回答如图 8-53 所示。

请用100字左右描述某个像素画中的内容

这幅像素画展示了一个宏伟的奇幻城堡。城堡由细小的方形像素构成，呈现出立体感和细腻的纹理。绚丽的色彩在城堡的各个部分绽放，给人一种梦幻的感觉。周围是广阔的绿草地和蓝天白云，点缀着小方块的树木和花朵。在城堡的前景，一些小方块的人物正在欢快地舞蹈和庆祝。整个画面以其独特的像素风格，创造了一个迷人的奇幻世界，令人陶醉其中。

图 8-53　使用 ChatGPT 生成关键词

STEP 02 从 ChatGPT 的回答中总结出相应的关键词（由细小方形像素构成的城堡，立体感和细腻的纹理，广阔的绿草地和蓝天白云，点缀着树木和花朵，前景是欢快起舞的人物），并通过百度翻译转换为英文，如图 8-54 所示。

图 8-54　将中文关键词翻译为英文

STEP 03 在百度翻译中，输入色调、画面参数和艺术风格对应的中文词汇，如"柔和色调，8k 高清，像素画"，指定色调、画面的清晰度和艺术风格，如图 8-55 所示。

图 8-55　指定色调、画面的清晰度和艺术风格

STEP 04 复制百度翻译中的英文词汇，在 Midjourney 窗口下面的输入框内输入 /，选择 /imagine 选项，在输入框中粘贴刚刚复制的英文词汇，并在粘贴的关键词的末尾添加画面尺寸的相关信息，如 --ar 3：4，设置画面的尺寸，如图 8-56 所示。

STEP 05 按 Enter 键确认，使用 /imagine 指令生成像素画的图片，如图 8-57 所示。

STEP 06 单击 U1 按钮，生成第 1 张图的大图效果，如图 8-58 所示。

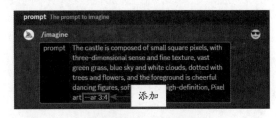

图 8-56　设置画面的尺寸

图 8-57　使用 /imagine 指令生成像素画的图片

图 8-58　生成第 1 张图的大图效果

8.10　绘制动画风作品

动画风作品是指以动画的视觉风格为基础，以静态的形式呈现画面的作品。动画风作品通过运用明亮的色彩、夸张的姿态、生动的表情和视觉冲击力强的构图，营造出类似于动画的效果，给人

一种童趣、怀旧或幻想的感觉。在广告、插图、游戏封面、音乐封面和社交媒体等领域，经常可以看到动画风的作品。下面介绍用 ChatGPT 和 Midjourney 绘制动画风作品的操作方法。

素材文件	无
效果文件	效果＼第 8 章＼8.10 绘制动画风作品 .png
视频文件	视频＼第 8 章＼8.10 绘制动画风作品 .mp4

【操练＋视频】
——绘制动画风作品

STEP 01 通过 ChatGPT 获取画面主体和细节的关键词，如在 ChatGPT 中输入关键词"请用 200 字左右描述某个动画风作品中的内容"，ChatGPT 的回答如图 8-59 所示。

图 8-59　使用 ChatGPT 生成关键词

STEP 02 从 ChatGPT 的回答中总结出相应的关键词（奇幻的世界，绚丽的花海，一群可爱的小精灵在跳跃、飞翔和嬉戏，每个小精灵都有独特的外貌和能力，绚丽的彩虹弯曲在天空中，一朵朵梦幻的云朵，光线从天空中射下），通过百度翻译转换为英文，如图 8-60 所示。

图 8-60　将中文关键词翻译为英文

STEP 03 在百度翻译中，输入色调、画面参数和艺术风格对应的中文词汇，如"柔和色调，8k 高清，动画风作品"，指定色调、画面的清晰度和艺术风格，如图 8-61 所示。

图 8-61　指定色调、画面的清晰度和艺术风格

STEP 04 复制百度翻译中的英文词汇，在 Midjourney 窗口下面的输入框内输入 /，选择 /imagine 选项，在输入框中粘贴刚刚复制的英文词汇，并在粘贴的关键词的末尾添加画面尺寸的相关信息，如 --ar 3 ：4，设置画面的尺寸，如图 8-62 所示。

图 8-62　设置画面的尺寸

STEP 05 按 Enter 键确认，使用 /imagine 指令生成动画风作品的图片，如图 8-63 所示。

STEP 06 单击 U4 按钮，生成第 4 张图的大图效果，如图 8-64 所示。

图 8-63　使用 /imagine 指令生成动画风作品的图片

图 8-64　生成第 4 张图的大图效果

第9章

How：游戏设计实战案例

章前知识导读

对于游戏来说，每个画面都必须精益求精，有时为了对一个画面进行优化，游戏设计师需要花费大量的时间。对此，游戏设计师可以借助 AI 进行绘画操作，快速绘制出需要的游戏画面。

新手重点索引

- 场景原画设计
- 武器装备设计
- 加载图设计
- 菜单界面设计
- 设置界面设计

- 角色原画设计
- 插画美宣设计
- 物品道具设计
- 地图导航设计
- 3D 美术设计

效果图片欣赏

9.1　场景原画设计

场景原画设计是指对游戏的场景进行艺术设计，创作出视觉吸引力强的游戏场景，从而增强玩家的沉浸感和游戏体验。

通常来说，游戏设计类 AI 绘画的制作流程为：获取关键词、调整关键词、补充关键信息和设置画面的其他信息等。下面介绍用 ChatGPT 和 Midjourney 进行场景原画设计的具体操作方法。

素材文件	无
效果文件	效果 \ 第 9 章 \9.1　场景原画设计 .png
视频文件	视频 \ 第 9 章 \9.1　场景原画设计 .mp4

【操练 + 视频】
——场景原画设计

STEP 01 通过 ChatGPT 获取相应的关键词，如在 ChatGPT 中输入关键词"请用 100 字左右描述某个场景原画的内容"，ChatGPT 的回答如图 9-1 所示。

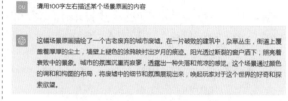

图 9-1　使用 ChatGPT 生成关键词

STEP 02 从 ChatGPT 的回答中总结出相应的关键词（场景原画，古老的城市废墟，破败的建筑，杂草丛生，街上盖着尘土，墙壁上褪色的涂鸦，阳光透过断裂的窗户，荒凉的感觉），并通过百度翻译转换为英文，如图 9-2 所示。

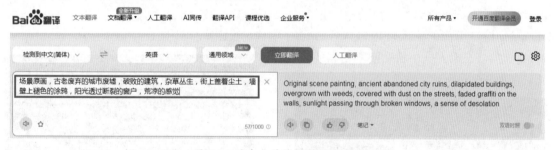

图 9-2　将中文关键词翻译为英文

STEP 03 在百度翻译中，对关键词进行适当调整，让关键词信息更容易被 Midjourney 识别出来，如图 9-3 所示。

图 9-3　对关键词进行适当调整

STEP 04 在百度翻译中，补充关键信息，让生成的 AI 绘画更加符合需求，如输入"惊人的高度详细，良好的视觉层次结构，3D 立体感"，如图 9-4 所示。

图 9-4　补充关键信息

STEP 05 在百度翻译中，设置色调、画面参数和图片风格等其他信息，如输入"柔和色调，超高清分辨率，游戏画面风格"，如图 9-5 所示。

图 9-5　设置画面的其他信息

STEP 06 复制百度翻译中的英文词汇，在 Midjourney 窗口下面的输入框内输入 /，选择 /imagine 选项，在输入框中粘贴刚刚复制的英文词汇，如图 9-6 所示。

图 9-6　在输入框中粘贴刚刚复制的英文词汇

STEP 07 在粘贴的关键词的末尾添加画面尺寸的相关信息，如 --ar 3：4，设置画面的尺寸，如图 9-7 所示。

图 9-7　添加画面尺寸的相关信息

STEP 08 按 Enter 键确认，使用 /imagine 指令生成场景原画的图片，如图 9-8 所示。

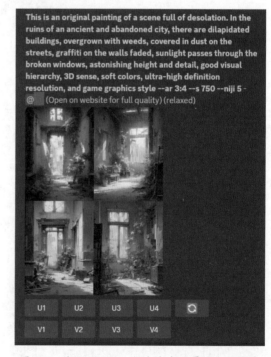

图 9-8　使用 /imagine 指令生成场景原画的图片

STEP 09 单击 U4 按钮，生成第 4 张图的大图效果，如图 9-9 所示。

图 9-9　生成第 4 张图的大图效果

9.2　角色原画设计

角色原画设计是指对游戏角色进行艺术设计，通过视觉表达来塑造角色的外观、特征和个性。下面介绍用 ChatGPT 和 Midjourney 进行角色原画设计的具体操作方法。

素材文件	无
效果文件	效果 \ 第 9 章 \9.2 角色原画设计 .png
视频文件	视频 \ 第 9 章 \9.2 角色原画设计 .mp4

【操练 + 视频】
——角色原画设计

STEP 01 通过 ChatGPT 获取相应的关键词，如在 ChatGPT 中输入关键词"请用 150 字左右描述某个游戏角色"，ChatGPT 的回答如图 9-10 所示。

STEP 02 从 ChatGPT 的回答中总结出相应的关键词（女性游戏角色，身材纤细，穿着黑色紧身衣，配以红色披风和金属护具，她有一双绿色的眼睛，黑色的长发，手持一把双刃匕首，脸上挂着冷漠的微笑），并通过百度翻译转换为英文，如图 9-11 所示。

图 9-10　使用 ChatGPT 生成关键词

图 9-11　将中文关键词翻译为英文

STEP 03 在百度翻译中，对关键词进行适当调整，让关键词信息更容易被 Midjourney 识别出来，如图 9-12 所示。

图 9-12　对关键词进行适当调整

STEP 04 在百度翻译中，补充关键信息，让生成的 AI 绘画更加符合需求，如输入"惊人的高度详细，画面对比强烈，3D 立体感"，如图 9-13 所示。

图 9-13　补充关键信息

STEP 05 在百度翻译中，设置色调、画面参数和图片风格等其他信息，如输入"红黑色调，8K 高清分辨率，游戏画面风格"，如图 9-14 所示。

图 9-14　设置画面的其他信息

STEP 06 复制百度翻译中的英文词汇，在 Midjourney 窗口下面的输入框内输入 /，选择 / imagine 选项，在输入框中粘贴刚刚复制的英文词汇，并在粘贴的关键词的末尾添加画面尺寸的相关信息，如 --ar 3：4，设置画面的尺寸，如图 9-15 所示。

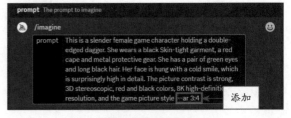

图 9-15　在输入框中粘贴刚刚复制的英文词汇并添加画面尺寸信息

STEP 07 按 Enter 键确认，使用 /imagine 指令生成角色原画的图片，如图 9-16 所示。

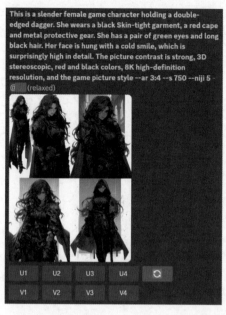

图 9-16 使用 /imagine 指令生成角色原画的图片

STEP 08 单击 U4 按钮，生成第 4 张图的大图效果，如图 9-17 所示。

图 9-17 生成第 4 张图的大图效果

9.3 武器装备设计

武器装备设计是指对游戏角色使用的武器和装备进行艺术设计，通过视觉表达来塑造武器和装备的外观、特征和功能。下面介绍用 ChatGPT 和 Midjourney 进行武器装备设计的具体操作方法。

素材文件	无
效果文件	效果 \ 第 9 章 \9.3 武器装备设计 .png
视频文件	视频 \ 第 9 章 \9.3 武器装备设计 .mp4

【操练＋视频】
——武器装备设计

STEP 01 通过 ChatGPT 获取相应的关键词，如在 ChatGPT 中输入关键词"请用 150 字左右描述某个游戏武器或装备"，ChatGPT 的回答如图 9-18 所示。

STEP 02 从 ChatGPT 的回答中总结出相应的关键词（这是一柄名为"暗影之刃"的双手剑，这

把剑呈现出阴暗而神秘的氛围，剑刃由黑色钢铁制成，表面覆盖着微光闪烁的紫色符文，剑柄上镶嵌着黑曜石和红色宝石，握柄部分覆盖着黑色皮革），并通过百度翻译转换为英文，如图 9-19 所示。

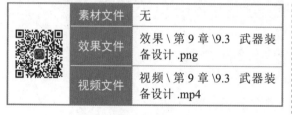

图 9-18 使用 ChatGPT 生成关键词

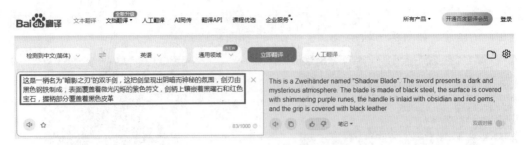

图 9-19 将中文关键词翻译为英文

STEP 03 在百度翻译中，对关键词进行适当调整，让关键词信息更容易被 Midjourney 识别出来，如图 9-20 所示。

图 9-20 对关键词进行适当调整

STEP 04 在百度翻译中，补充关键信息，让生成的 AI 绘画更加符合需求，如输入"惊人的高度详细，纹理清晰，3D 立体感"，如图 9-21 所示。

图 9-21 补充关键信息

STEP 05 在百度翻译中，设置色调、画面参数和图片风格等其他信息，如输入"黑紫色调，超高清分辨率，游戏画面风格"，如图 9-22 所示。

图 9-22 设置画面的其他信息

STEP 06 复制百度翻译中的英文词汇，在 Midjourney 窗口下面的输入框内输入 /，选择 /imagine 选项，在输入框中粘贴刚刚复制的英文词汇，并在粘贴的关键词的末尾添加画面尺寸的相关信息，如 --ar 3：4，设置画面的尺寸，如图 9-23 所示。

图 9-23 在输入框中粘贴刚刚复制的英文词汇并添加画面尺寸信息

STEP 07 按 Enter 键确认，使用 /imagine 指令生成武器装备的图片，如图 9-24 所示。

STEP 08 单击 U4 按钮，生成第 4 张图的大图效果，如图 9-25 所示。

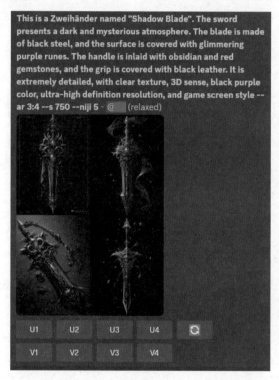

图 9-24 使用 /imagine 指令生成武器装备的图片

图 9-25 生成第 4 张图的大图效果

9.4 插画美宣设计

插画美宣设计就是通过插画的方式对相关信息进行传播和炫彩的艺术形式。插画美宣结合了插画的视觉吸引力和宣传信息的表达，旨在通过视觉图像和设计元素来传达特定的信息、触发观众的情感反应或引起公众对特定话题的关注。

插画美宣可以通过独特的风格、色彩、构图和符号来吸引观众的注意力，并以简洁而直接的方式传递信息，从而在视觉上引起共鸣，激发观众的情感或触发他们的思考。它可以利用幽默、夸张、象征、隐喻等手法，将复杂的概念或信息转化为易于理解和吸引人的图像。下面介绍用 ChatGPT 和 Midjourney 进行游戏插画美宣设计的具体操作方法。

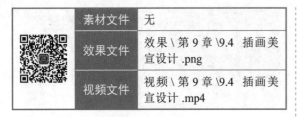

素材文件	无
效果文件	效果 \ 第 9 章 \9.4 插画美宣设计 .png
视频文件	视频 \ 第 9 章 \9.4 插画美宣设计 .mp4

【操练 + 视频】
——插画美宣设计

STEP 01 通过 ChatGPT 获取相应的关键词，如在 ChatGPT 中输入关键词"请用 150 字左右描述某个游戏插画美宣的画面内容"，ChatGPT 的回答如图 9-26 所示。

STEP 02 从 ChatGPT 的回答中总结出相应的关键词（这是一款奇幻冒险类游戏，画面充满梦幻和神秘感，展现了绚丽多彩的奇幻世界，角色形象设计独特，每个角色都有特殊能力和个性，有着华丽的法术效果和闪耀的魔法宝物，精细的绘画和细节呈现），并通过百度翻译转换为英文，如图 9-27 所示。

图 9-26　使用 ChatGPT 生成关键词

图 9-27　将中文关键词翻译为英文

STEP 03 在百度翻译中，对关键词进行适当调整，让关键词信息更容易被 Midjourney 识别出来，如图 9-28 所示。

图 9-28　对关键词进行适当调整

STEP 04 在百度翻译中，补充关键信息，让生成的 AI 绘画更加符合需求，如输入"惊人的高度详细，良好的视觉层次结构，色彩对比强烈"，如图 9-29 所示。

STEP 05 在百度翻译中，设置色调、画面参数和图片风格等其他信息，如输入"炫彩色调，超高清分辨率，游戏画面风格"，如图 9-30 所示。

图 9-29　补充关键信息

图 9-30　设置画面的其他信息

STEP 06 复制百度翻译中的英文词汇，在 Midjourney 窗口下面的输入框内输入 /，选择 /imagine 选项，在输入框中粘贴刚刚复制的英文词汇，并在粘贴的关键词的末尾添加画面尺寸的相关信息，如 --ar 3∶4，设置画面的尺寸，如图 9-31 所示。

图 9-31　在输入框中粘贴刚刚复制的英文词汇并
添加画面尺寸信息

STEP 07 按 Enter 键确认，使用 /imagine 指令生成插画美宣的图片，如图 9-32 所示。

STEP 08 单击 U1 按钮，生成第 1 张图的大图效果，如图 9-33 所示。

图 9-32　使用 /imagine 指令生成插画美宣的图片

图 9-33　生成第 1 张图的大图效果

9.5　加载图设计

加载图设计是指计算机软件、应用程序或网页等加载时显示的图像的设计，游戏加载图设计则是对游戏的加载图像进行设计。加载图主要用于告知用户正在进行加载或处理操作，并提供一个视觉指示，使用户知道系统正在工作，并等待加载完成。

对游戏加载图进行设计的目的是为了改善玩家的体验，避免玩家对加载过程的不确定性和等待感到焦虑。通常采用动画、进度条或静态图像等形式来表示加载状态，以吸引玩家的注意力和提供视觉反馈。下面介绍用 ChatGPT 和 Midjourney 进行游戏加载图设计的具体操作方法。

素材文件	无
效果文件	效果 \ 第 9 章 \9.5　加载图设计 .png
视频文件	视频 \ 第 9 章 \9.5　加载图设计 .mp4

【操练＋视频】
——加载图设计

STEP 01 通过 ChatGPT 获取相应的关键词，如在 ChatGPT 中输入关键词"请用 150 字左右描述某个游戏加载图的画面"，ChatGPT 的回答如图 9-34 所示。

STEP 02 从 ChatGPT 的回答中总结出相应的关键词（画面背景呈现出夜晚的星空，闪耀的星星点缀其中，画面中心有一个华丽的符文在凝聚，散发出明亮的光芒，符文周围缓慢地旋转，画面下方出现一个进度条，鲜艳的色彩和流畅的动画），并通过百度翻译转换为英文，如图 9-35 所示。

> 请用150字左右描述某个游戏加载图的画面

> 在游戏加载图的画面中，我们看到一个神秘而富有活力的场景正在展开。画面背景呈现出夜晚的星空，闪烁的星点缀其中，营造出一种幻想的氛围。在画面中心，一个华丽的符文形状逐渐凝聚，散发出明亮的光芒。这个符文周围缓慢地旋转，仿佛魔法的力量在其中流动。同时，画面下方出现一个进度条，以动态的方式显示加载的进度，让玩家知道游戏正在逐步加载。整个画面运用鲜艳的色彩和流畅的动画，吸引玩家的注意力并增加期待感，营造出一个充满魔力和期待的加载过程。

图 9-34　使用 ChatGPT 生成关键词

图 9-35　将中文关键词翻译为英文

STEP 03 在百度翻译中，对关键词进行适当调整，让关键词信息更容易被 Midjourney 识别出来，如图 9-36 所示。

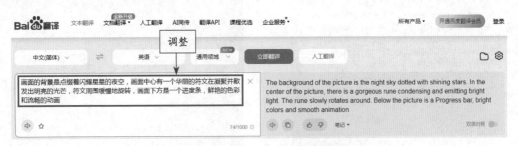

图 9-36　对关键词进行适当调整

STEP 04 在百度翻译中，补充关键信息，让生成的 AI 绘画更加符合需求，如输入"惊人的高度详细，良好的视觉层次结构，3D 立体感"，如图 9-37 所示。

图 9-37　补充关键信息

STEP 05 在百度翻译中，设置色调、画面参数和图片风格等其他信息，如输入"炫彩色调，8K 高清分辨率，游戏画面风格"，如图 9-38 所示。

图 9-38　设置画面的其他信息

STEP 06 复制百度翻译中的英文词汇，在 Midjourney 窗口下面的输入框内输入 /，选择 /imagine 选项，在输入框中粘贴刚刚复制的英文词汇，并在粘贴的关键词的末尾添加画面尺寸的相关信息，如 --ar 3：4，设置画面的尺寸，如图 9-39 所示。

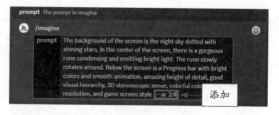

图 9-39　在输入框中粘贴刚刚复制的英文词汇并添加画面尺寸信息

STEP 07 按 Enter 键确认，使用 /imagine 指令生成加载图的图片，如图 9-40 所示。

STEP 08 单击 U4 按钮，生成第 4 张图的大图效果，如图 9-41 所示。

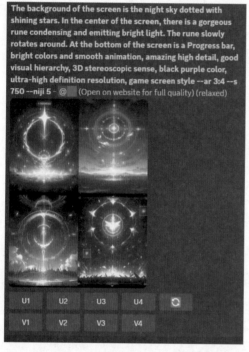

图 9-40　使用 /imagine 指令生成加载图的图片

图 9-41　生成第 4 张图的大图效果

9.6　物品道具设计

物品道具设计是指在游戏或其他虚拟世界中设计并创建各种物品和道具的过程。这些物品和道具可以是玩家使用、携带或收集的各种实体或虚拟物品。下面介绍用 ChatGPT 和 Midjourney 进行游戏物品道具设计的具体操作方法。

素材文件	无
效果文件	效果 \ 第 9 章 \9.6 物品道具设计 .png
视频文件	视频 \ 第 9 章 \9.6 物品道具设计 .mp4

【操练 + 视频】
——物品道具设计

STEP 01 通过 ChatGPT 获取相应的关键词，如在 ChatGPT 中输入关键词"请用 150 字左右描述游戏中某个物品道具的外观"，ChatGPT 的回答如图 9-42 所示。

STEP 02 从 ChatGPT 的回答中总结出相应的关键词（这款披风由黑色绸缎制成，表面散发着微弱的紫色光芒，设计简洁而优雅，细致地绣着展翅欲飞的凤凰图案，披风的边缘饰有银色的丝线，

闪烁着微光，整体配色以紫色和黑色为主），并通过百度翻译转换为英文，如图 9-43 所示。

图 9-42　使用 ChatGPT 生成关键词

图 9-43　将中文关键词翻译为英文

STEP 03 在百度翻译中，对关键词进行适当调整，让关键词信息更容易被 Midjourney 识别出来，如图 9-44 所示。

图 9-44　对关键词进行适当调整

STEP 04 在百度翻译中，补充关键信息，让生成的 AI 绘画更加符合需求，如输入"惊人的高度详细，纹理清晰，3D 立体感"，如图 9-45 所示。

图 9-45　补充关键信息

STEP 05 在百度翻译中，设置色调、画面参数和图片风格等其他信息，如输入"黑紫色调，8K 高清分辨率，游戏画面风格"，如图 9-46 所示。

图 9-46　设置画面的其他信息

STEP 06 复制百度翻译中的英文词汇，在 Midjourney 窗口下面的输入框内输入 /，选择 /imagine 选项，在输入框中粘贴刚刚复制的英文词汇，并在粘贴的关键词的末尾添加画面尺寸的相关信息，如 --ar 3：4，设置画面的尺寸，如图 9-47 所示。

图 9-47　在输入框中粘贴刚刚复制的英文词汇并添加画面尺寸信息

STEP 07 按 Enter 键确认，使用 /imagine 指令生成物品道具的图片，如图 9-48 所示。

STEP 08 单击 U3 按钮，生成第 3 张图的大图效果，如图 9-49 所示。

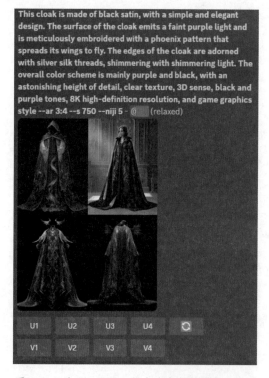

图 9-48　使用 /imagine 指令生成物品道具的图片

图 9-49　生成第 3 张图的大图效果

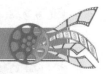

9.7　菜单界面设计

菜单界面是指在软件应用程序或电子游戏中，用于展示选项、设置和功能的用户界面。它是用户与应用程序之间的接口，通常出现在需要进行配置和调整的时候。通常来说，游戏的菜单界面应该具有清晰简洁、简单易用和视觉吸引力强等特点。下面介绍用 ChatGPT 和 Midjourney 进行游戏菜单界面设计的具体操作方法。

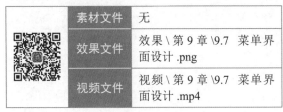

素材文件	无
效果文件	效果 \ 第 9 章 \9.7　菜单界面设计 .png
视频文件	视频 \ 第 9 章 \9.7　菜单界面设计 .mp4

【操练 + 视频】
——菜单界面设计

STEP 01 通过 ChatGPT 获取相应的关键词，如在 ChatGPT 中输入关键词"请用 200 字左右描述某个

游戏的菜单界面"，ChatGPT 的回答如图 9-50 所示。

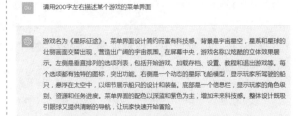

图 9-50　使用 ChatGPT 生成关键词

STEP 02 从 ChatGPT 的回答中总结出相应的关键词（这个菜单界面设计简约而富有科技感，它的背景是宇宙星空，屏幕中央展示的是游戏名称酷炫的立体效果，左侧是垂直排列的选项列表，右侧是动态的星际飞船模型，底部是一个信息栏，配色以深蓝和紫色为主），并通过百度翻译转换为英文，如图 9-51 所示。

图 9-51　将中文关键词翻译为英文

STEP 03 在百度翻译中，对关键词进行适当调整，让关键词信息更容易被 Midjourney 识别出来，如图 9-52 所示。

图 9-52　对关键词进行适当调整

STEP 04 在百度翻译中，补充关键信息，让生成的 AI 绘画更加符合需求，如输入"惊人的高度详细，良好的视觉层次结构，色彩对比强烈"，如图 9-53 所示。

图 9-53　补充关键信息

STEP 05 在百度翻译中，设置色调、画面参数和图片风格等其他信息，如输入"蓝紫色调，超高清分辨率，游戏画面风格"，如图 9-54 所示。

图 9-54　设置画面的其他信息

STEP 06 复制百度翻译中的英文词汇，在 Midjourney 窗口下面的输入框内输入 /，选择 /imagine 选项，在输入框中粘贴刚刚复制的英文词汇，并在粘贴的关键词的末尾添加画面尺寸的相关信息，如 --ar 3：4，设置画面的尺寸，如图 9-55 所示。

图 9-55　在输入框中粘贴刚刚复制的英文词汇并添加画面尺寸信息

STEP 07 按 Enter 键确认，使用 /imagine 指令生成菜单界面的图片，如图 9-56 所示。

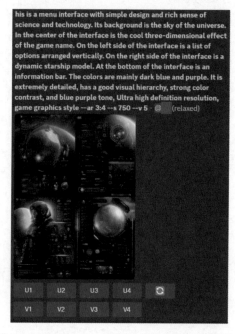

图 9-56　使用 /imagine 指令生成菜单界面的图片

STEP 08 单击 U4 按钮，生成第 4 张图的大图效果，如图 9-57 所示。

图 9-57 生成第 4 张图的大图效果

9.8 地图导航设计

地图导航设计是指在应用程序、网站或游戏中，为用户提供方便、直观的地图导航功能的设计过程。它的目标是帮助用户准确地定位自己在地图上的位置，找到目标地点，并提供导航指引和相关信息。下面介绍用 ChatGPT 和 Midjourney 进行游戏地图导航设计的具体操作方法。

素材文件	无
效果文件	效果 \ 第 9 章 \9.8 地图导航设计 .png
视频文件	视频 \ 第 9 章 \9.8 地图导航设计 .mp4

【操练 + 视频】
——地图导航设计

STEP 01 通过 ChatGPT 获取相应的关键词，如在 ChatGPT 中输入关键词"请用 150 字左右描述某个游戏的地图导航"，ChatGPT 的回答如图 9-58 所示。

STEP 02 从 ChatGPT 的回答中总结出相应的关键词（地图导航设计简洁而直观，玩家的当前位置

以闪烁的图标表示，目标位置以另一种图标显示，自动规划最佳路径，显示预计时间和距离，通过箭头和文字来指示玩家转向和前进，地图上还标注了重要地点和任务位置），并通过百度翻译转换为英文，如图 9-59 所示。

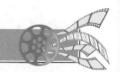

请用150字左右描述某个游戏的地图导航

游戏名为《奇幻大陆》。地图导航设计简洁而直观。玩家可通过菜单调出地图界面，展示游戏世界的各个区域。玩家的当前位置以闪烁的图标标示，目标位置以另一种图标显示。路线规划功能可根据玩家选择的目标自动规划最佳路径，显示预计时间和距离。导航指引通过箭头和文字指示来帮助玩家转向和前进方向。地图上还标注了重要地点和任务位置，方便玩家找到并探索。玩家可通过交互操作进行地图缩放和拖动，以便更详细地查看特定区域。这种地图导航设计使玩家轻松了解自己的位置、目标地点和最佳路线，增强了游戏探索的乐趣。

图 9-58 使用 ChatGPT 生成关键词

图 9-59　将中文关键词翻译为英文

STEP 03 在百度翻译中，对关键词进行适当调整，让关键词信息更容易被 Midjourney 识别出来，如图 9-60 所示。

图 9-60　对关键词进行适当调整

STEP 04 在百度翻译中，补充关键信息，让生成的 AI 绘画更加符合需求，如输入"惊人的高度详细，良好的视觉层次结构，色彩对比强烈"，如图 9-61 所示。

图 9-61　补充关键信息

STEP 05 在百度翻译中，设置色调、画面参数和图片风格等其他信息，如输入"炫彩色调，超高清分辨率，游戏画面风格"，如图 9-62 所示。

图 9-62　设置画面的其他信息

STEP 06 复制百度翻译中的英文词汇，在 Midjourney 窗口下面的输入框内输入 /，选择 /imagine 选项，在输入框中粘贴刚刚复制的英文词汇，并在粘贴的关键词的末尾添加画面尺寸的相关信息，如 --ar 3：4，设置画面的尺寸，如图 9-63 所示。

图 9-63　在输入框中粘贴刚刚复制的英文词汇并添加画面尺寸信息

STEP 07 按 Enter 键确认，使用 /imagine 指令生成地图导航的图片，如图 9-64 所示。

STEP 08 单击 U1 按钮，生成第 1 张图的大图效果，如图 9-65 所示。

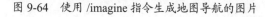

图 9-64　使用 /imagine 指令生成地图导航的图片

图 9-65　生成第 1 张图的大图效果

9.9　设置界面设计

　　设置界面是指在软件应用程序、网站或游戏中，用于让用户配置和调整应用程序或游戏设置的用户界面。它提供了一个集中管理和调整各种选项和参数的地方，让用户能够自定义应用程序或游戏的行为和外观。

　　设置界面设计的目标是提供一个直观、易用且功能全面的界面，让用户能够自定义应用程序或游戏的各种设置，以满足他们的需求和偏好。该界面应该简洁明了，让用户能轻松地找到并调整他们

所需的设置。下面介绍用 ChatGPT 和 Midjourney
进行游戏设置界面设计的具体操作方法。

素材文件	无	
效果文件	效果 \ 第 9 章 \9.9 设置界面设计 .png	
视频文件	视频 \ 第 9 章 \9.9 设置界面设计 .mp4	

【操练 + 视频】
——设置界面设计

STEP 01 通过 ChatGPT 获取相应的关键词，如在
ChatGPT 中输入关键词"请用 200 字左右描述某个
游戏的设置界面"，ChatGPT 的回答如图 9-66 所示。

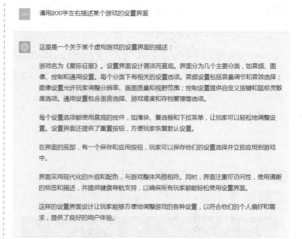

图 9-66 使用 ChatGPT 生成关键词

STEP 02 从 ChatGPT 的回答中总结出相应的关键词（设置界面设计简洁而直观，界面分为音频、图像、
控制和通用等分类，每个分类下有相关的选项，每个选项都使用直观的控件，界面采用现代化的外
观和配色，界面注重访问性，使用清晰的标签和描述），并通过百度翻译转换为英文，如图 9-67 所示。

图 9-67 将中文关键词翻译为英文

STEP 03 在百度翻译中，对关键词进行适当调整，让关键词信息更容易被 Midjourney 识别出来，如
图 9-68 所示。

图 9-68 对关键词进行适当调整

STEP 04 在百度翻译中，补充关键信息，让生成的 AI 绘画更加符合需求，如输入"惊人的高度详细，
良好的视觉层次结构，色彩对比强烈"，如图 9-69 所示。

STEP 05 在百度翻译中，设置色调、画面参数和图片风格等其他信息，如输入"柔和色调，8K 高清
分辨率，游戏画面风格"，如图 9-70 所示。

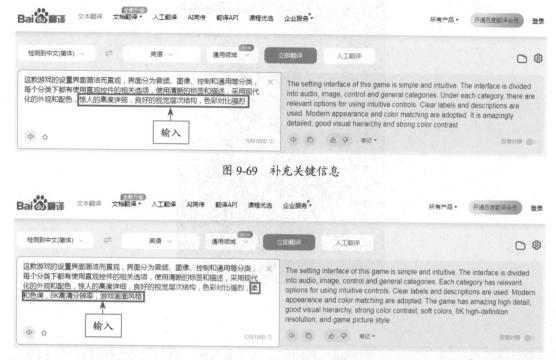

图 9-69　补充关键信息

图 9-70　设置画面的其他信息

STEP 06 复制百度翻译中的英文词汇，在 Midjourney 窗口下面的输入框内输入 /，选择 / imagine 选项，在输入框中粘贴刚刚复制的英文词汇，并在粘贴的关键词的末尾添加画面尺寸的相关信息，如 --ar 3：4，设置画面的尺寸，如图 9-71 所示。

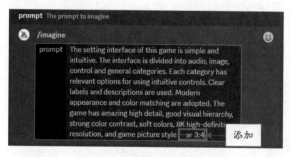

图 9-71　在输入框中粘贴刚刚复制的英文词汇并添加画面尺寸信息

STEP 07 按 Enter 键确认，使用 /imagine 指令生成设置界面的图片，如图 9-72 所示。

STEP 08 单击 U4 按钮，生成第 4 张图的大图效果，如图 9-73 所示。

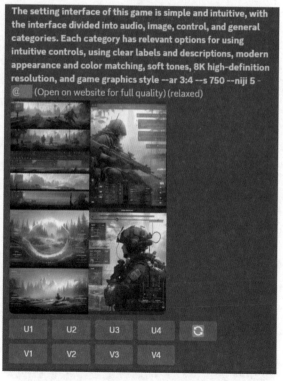

图 9-72　使用 /imagine 指令生成设置界面的图片

图 9-73　生成第 4 张图的大图效果

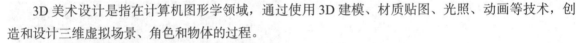

9.10　3D 美术设计

　　3D 美术设计是指在计算机图形学领域，通过使用 3D 建模、材质贴图、光照、动画等技术，创造和设计三维虚拟场景、角色和物体的过程。

　　3D 美术设计将艺术创造力和技术实践相结合，以创造出逼真、吸引人的三维图像。它在游戏和影视制作中扮演着重要的角色，可为用户提供沉浸式的视觉体验。下面介绍用 ChatGPT 和 Midjourney 进行游戏 3D 美术设计的具体操作方法。

素材文件	无	
效果文件	效果 \ 第 9 章 \9.10　3D 美术设计 .png	
视频文件	视频 \ 第 9 章 \9.10　3D 美术设计 .mp4	

【操练＋视频】
——3D 美术设计

STEP 01 通过 ChatGPT 获取相应的关键词，如在 ChatGPT 中输入关键词"请用 150 字左右描述某个游戏的 3D 美术设计画面"，ChatGPT 的回答如图 9-74 所示。

STEP 02 从 ChatGPT 的回答中总结出相应的关键词（这款游戏的 3D 美术设计呈现出令人惊叹的视觉画面，起伏的山脉和蜿蜒的溪流，茂密的

森林和奇幻的植物，阳光透过树叶洒下，绚丽多彩的花朵和精致的植物，角色模型具有逼真的细节和流畅的动画，多种特效增加了游戏场景的视觉冲击力），并通过百度翻译转换为英文，如图 9-75 所示。

> 请用150字左右描述某个游戏的3D美术设计画面

> 游戏名为《幻境之旅》，该游戏的3D美术设计呈现出令人惊叹的视觉画面。游戏中的虚拟世界充满细致的细节和壮观的景观。在起伏的山脉和蜿蜒的溪流间，展现着茂密的森林和奇幻的植物。阳光透过树叶洒下，投射出斑驳的光影，为场景增添了动态感。绚丽多彩的花朵和精致的植物在游戏中相得益彰，令人感叹自然的美丽。角色模型具有逼真的细节和流畅的动画，呈现出优雅而灵动的动作。特效如光环、法术和爆炸等增加了游戏场景的视觉冲击力。整体而言，该游戏的3D美术设计展现了细腻的细节、引人入胜的环境和生动的角色，让玩家完全沉浸在这个奇幻世界中。

图 9-74　使用 ChatGPT 生成关键词

图 9-75　将中文关键词翻译为英文

STEP 03 在百度翻译中，对关键词进行适当调整，让关键词信息更容易被 Midjourney 识别出来，如图 9-76 所示。

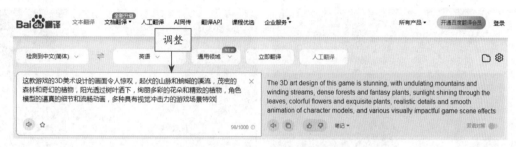

图 9-76　对关键词进行适当调整

STEP 04 在百度翻译中，补充关键信息，让生成的 AI 绘画更加符合需求，如输入"惊人的高度详细，良好的视觉层次结构，3D 立体感"，如图 9-77 所示。

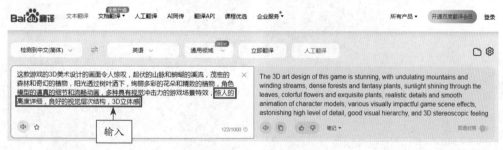

图 9-77　补充关键信息

STEP 05 在百度翻译中，设置色调、画面参数和图片风格等其他信息，如输入"炫彩色调，超高清分辨率，游戏画面风格"，如图 9-78 所示。

图 9-78　设置画面的其他信息

STEP 06 复制百度翻译中的英文词汇，在 Midjourney 窗口下面的输入框内输入 /，选择 / imagine 选项，在输入框中粘贴刚刚复制的英文词汇，并在粘贴的关键词的末尾添加画面尺寸的相关信息，如 --ar 3：4，设置画面的尺寸，如图 9-79 所示。

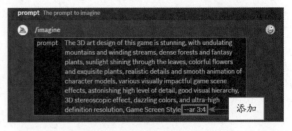

图 9-79 在输入框中粘贴刚刚复制的英文词汇并添加画面尺寸信息

STEP 07 按 Enter 键确认，使用 /imagine 指令生成 3D 美术的图片，如图 9-80 所示。

STEP 08 单击 U1 按钮，生成第 1 张图的大图效果，如图 9-81 所示。

图 9-80 使用 /imagine 指令生成 3D 美术的图片

图 9-81 生成第 1 张图的大图效果

第10章

How: 电商广告实战案例

章前知识导读

　　AI 技术可以在电商广告中发挥重要作用，通过自动生成高质量的视觉内容，提高广告的吸引力和转化率，节省人工创作的成本和时间。本章主要介绍使用 AI 技术制作电商广告的实战案例。

新手重点索引

- 家电广告制作
- 家居广告制作
- 汽车广告制作
- 珠宝广告制作
- 美妆广告制作

- 数码广告制作
- 食品广告制作
- 服装广告制作
- 箱包广告制作
- 母婴广告制作

效果图片欣赏

家电广告通常以生动形象的方式展示商品，引导消费者形成对商品的好感和认知。在制作广告时要注意符合相关法律法规和道德准则，确保广告的真实性和可靠性。通常来说，制作电商广告的具体流程为：获取商品关键词、调整商品关键词、加入模特信息和设置画面的其他信息等。下面就以制作电热水壶广告为例来介绍广告制作的具体操作方法。

素材文件	无
效果文件	效果\第 10 章\10.1 家电广告制作 .png
视频文件	视频\第 10 章\10.1 家电广告制作 .mp4

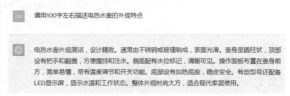

图 10-1 使用 ChatGPT 生成关键词

【操练＋视频】
——家电广告制作

STEP 01 通过 ChatGPT 获取商品的关键词，如在 ChatGPT 中输入关键词"请用 100 字左右描述电热水壶的外观特点"，ChatGPT 的回答如图 10-1 所示。

STEP 02 从 ChatGPT 的回答中总结出相应的关键词（电热水壶，外观简洁，表面光滑，壶身呈圆柱状，顶部有把手和翻盖，侧面有注水位，壶身前方带有操作面板，壶底有加热底座），并通过百度翻译转换为英文，如图 10-2 所示。

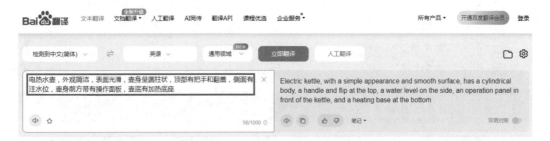

图 10-2 将中文关键词翻译为英文

STEP 03 在百度翻译中，对商品关键词进行适当调整，让其更好地与其他关键词区分开，如图 10-3 所示。

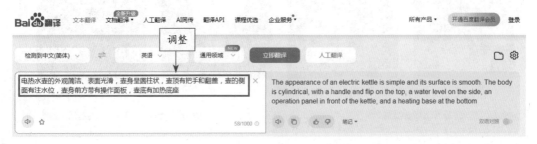

图 10-3 对商品关键词进行适当调整

STEP 04 在百度翻译中，加入模特的相关信息（最好是让模特和商品之间产生联系），如输入"一位长发的美丽女子手中拿着电热水壶"，如图 10-4 所示。

图 10-4　加入模特的相关信息

STEP 05 在百度翻译中，补充关键词，让生成的图片更具有真实感，如输入"惊人的高度详细，照片真实感"，如图 10-5 所示。

图 10-5　补充关键词

STEP 06 在百度翻译中，输入色调、画面参数和图片风格对应的中文词汇，如"柔和色调，超高清分辨率，电商广告风格"，指定色调、画面的清晰度和图片风格，如图 10-6 所示。

图 10-6　指定色调、画面的清晰度和图片风格

STEP 07 复制百度翻译中的英文词汇，在 Midjourney 窗口下面的输入框内输入 /，选择 /imagine 选项，在输入框中粘贴刚刚复制的英文词汇，如图 10-7 所示。

STEP 08 在粘贴的关键词的末尾添加画面尺寸的相关信息，如 --ar 3 ：4，设置画面的尺寸，如图 10-8 所示。

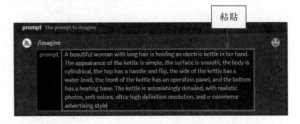

图 10-7　在输入框中粘贴刚刚复制的英文词汇

图 10-8　设置画面的尺寸

STEP 09 按 Enter 键确认，使用 /imagine 指令生成电热水壶的广告图片，如图 10-9 所示。

STEP 10 单击 U3 按钮，生成第 3 张图的大图效果，如图 10-10 所示。

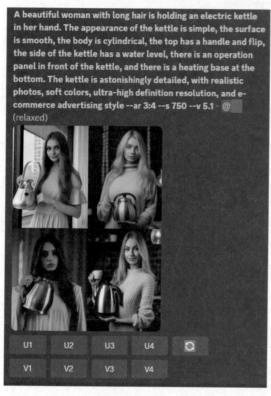

图 10-9　使用 /imagine 指令生成电热水壶的广告图片

图 10-10　生成第 3 张图的大图效果

10.2 数码广告制作

数码广告主要用于宣传数码商品，其创意和互动性非常重要，需要吸引目标消费者的注意力，提高商品的营销效果。下面就以制作手机广告为例来介绍具体的操作方法。

素材文件	无
效果文件	效果 \ 第 10 章 \10.2 数码广告制作 .png
视频文件	视频 \ 第 10 章 \10.2 数码广告制作 .mp4

【操练＋视频】——数码广告制作

STEP 01 通过 ChatGPT 获取商品的关键词，如在 ChatGPT 中输入关键词"请用 100 字左右描述手机的外观特点"，ChatGPT 的回答如图 10-11 所示。

请用100字左右描述手机的外观特点

这款手机外观简约时尚，采用全金属机身设计，手感顺滑舒适。前置屏幕占比较高，配合边框极窄的大屏幕，提供沉浸式视觉体验。背部设计简洁，镜面玻璃面板展现出优雅光泽。手机轻薄便携，边缘光滑圆润，舒适握持。背面摄像头布局合理，与机身完美融合，不突兀。边框精细处理，工艺精湛，表现出高级质感。整体外观设计注重细节、线条流畅，简洁大方，展现出时尚与品味。

图 10-11　使用 ChatGPT 生成关键词

STEP 02　从 ChatGPT 的回答中总结出相应的关键词（手机外观简约时尚，全金属机身设计，前置屏幕占比较高，边框极窄，背部采用镜面玻璃面板，轻薄便捷，边缘光滑圆润，镜头布局合理，线条流畅），并通过百度翻译转换为英文，如图 10-12 所示。

图 10-12　将中文关键词翻译为英文

STEP 03　在百度翻译中，对商品关键词进行适当调整，让其更好地与其他关键词区分开，如图 10-13 所示。

图 10-13　对商品关键词进行适当调整

STEP 04　在百度翻译中，加入模特的相关信息，如输入"一位高大英俊的男士单手拿着手机"，如图 10-14 所示。

图 10-14　加入模特的相关信息

STEP 05　在百度翻译中，补充其他的关键词，并输入色调、画面参数和图片风格对应的中文词汇，如图 10-15 所示。

图 10-15　补充其他的关键词

STEP 06 复制百度翻译中的英文词汇，在 Midjourney 窗口下面的输入框内输入 /，选择 /imagine 选项，在输入框中粘贴刚刚复制的英文词汇，并在粘贴的关键词的末尾添加画面尺寸的相关信息，如 --ar 9：16，设置画面的尺寸，如图 10-16 所示。

图 10-16　设置画面的尺寸

STEP 07 按 Enter 键确认，使用 /imagine 指令生成手机广告的图片，如图 10-17 所示。

STEP 08 单击 U3 按钮，生成第 3 张图的大图效果，如图 10-18 所示。

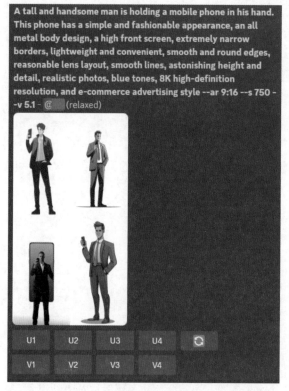

图 10-17　使用 /imagine 指令生成手机广告的图片

图 10-18　生成第 3 张图的大图效果

10.3　家居广告制作

家居广告主要用于宣传家居商品或家居服务，要注重体现商品的舒适感和实用性。下面就以制作沙发广告为例来介绍具体的操作方法。

素材文件	无
效果文件	效果 \ 第 10 章 \10.3　家居广告制作 .png
视频文件	视频 \ 第 10 章 \10.3　家居广告制作 .mp4

【操练 + 视频】
——家居广告制作

STEP 01 通过 ChatGPT 获取商品的关键词，如在 ChatGPT 中输入关键词"请用 100 字左右描述某款沙发的外观特点"，ChatGPT 的回答如图 10-19 所示。

STEP 02 从 ChatGPT 的回答中总结出相应的关键词（沙发的设计简约时尚，采用柔和的灰色织物面料，线条流畅，宽厚的扶手和舒适的靠背，沙发的腿部采用了金属材质），并通过百度翻译转换为英文，如图 10-20 所示。

图 10-19　使用 ChatGPT 生成关键词

图 10-20　将中文关键词翻译为英文

STEP 03 在百度翻译中，对商品关键词进行适当调整，让其更好地与其他关键词区分开，如图 10-21 所示。

图 10-21　对商品关键词进行适当调整

STEP 04 在百度翻译中，加入模特的相关信息，如输入"一位优雅的美丽女性坐在沙发上"，如图 10-22 所示。

图 10-22　加入模特的相关信息

STEP 05 在百度翻译中，补充其他的关键词，并输入色调、画面参数和图片风格对应的中文词汇，如图 10-23 所示。

图 10-23　补充其他的关键词

STEP 06 复制百度翻译中的英文词汇，在 Midjourney 窗口下面的输入框内输入 /，选择 /imagine 选项，在输入框中粘贴刚刚复制的英文词汇，并在粘贴的关键词的末尾添加画面尺寸的相关信息，如 --ar 3∶4，设置画面的尺寸，如图 10-24 所示。

图 10-24　设置画面的尺寸

STEP 07 按 Enter 键确认，使用 /imagine 指令生成沙发广告的图片，如图 10-25 所示。

STEP 08 单击 U3 按钮，生成第 3 张图的大图效果，如图 10-26 所示。

图 10-25　使用 /imagine 指令生成沙发广告的图片

图 10-26　生成第 3 张图的大图效果

10.4 食品广告制作

在使用 AI 制作食品广告时，要重点突出食品的外观，让消费者垂涎欲滴，从而产生购买欲望。下面就以制作葱油拌面广告为例来介绍具体的操作方法。

素材文件	无
效果文件	效果＼第 10 章＼10.4 食品广告制作 .png
视频文件	视频＼第 10 章＼10.4 食品广告制作 .mp4

【操练＋视频】
——食品广告制作

STEP 01 通过 ChatGPT 获取商品的关键词，如在 ChatGPT 中输入关键词"请用 100 字左右描述葱油拌面的外观特点"，ChatGPT 的回答如图 10-27 所示。

STEP 02 从 ChatGPT 的回答中总结出相应的关键词（葱油拌面的面条呈现亮泽的黄色，面条质地柔软，条形均匀，面条上有细微的纹路，面上覆盖着浅绿色的葱油，点缀着细碎的葱花，面上还可以看到黄瓜丝、胡萝卜等配菜），并通过百度翻译转换为英文，如图 10-28 所示。

图 10-27　使用 ChatGPT 生成关键词

图 10-28　将中文关键词翻译为英文

STEP 03 在百度翻译中，对商品关键词进行适当调整，让其更好地与其他关键词区分开，如图 10-29 所示。

图 10-29　对商品关键词进行适当调整

STEP 04 在百度翻译中，加入模特的相关信息，如输入"一位短发的少女用筷子夹起了一些面条"，如图 10-30 所示。

图 10-30　加入模特的相关信息

STEP 05 在百度翻译中，补充其他的关键词，并输入色调、画面参数和图片风格对应的中文词汇，如图 10-31 所示。

图 10-31　补充其他的关键词

STEP 06 复制百度翻译中的英文词汇，在 Midjourney 窗口下面的输入框内输入 /，选择 /imagine 选项，在输入框中粘贴刚刚复制的英文词汇，并在粘贴的关键词的末尾添加画面尺寸的相关信息，如 --ar 3：4，设置画面的尺寸，如图 10-32 所示。

图 10-32　设置画面的尺寸

STEP 07 按 Enter 键确认，使用 /imagine 指令生成葱油拌面广告的图片，如图 10-33 所示。

STEP 08 单击 U1 按钮，生成第 1 张图的大图效果，如图 10-34 所示。

The noodles mixed with scallion oil have a bright yellow color, soft texture, uniform stripes, and fine lines. The surface is covered with light green scallion oil, interspersed with finely chopped scallions, and side dishes such as cucumber shreds and carrots can also be seen. A short haired girl picked up some noodles with a pair of chopsticks, which is astonishingly detailed, realistic in photos, dazzling in color tones, 8K high-definition resolution, and e-commerce advertising style --ar 3:4 --niji 5 ~ @████████ (relaxed)

图 10-33　使用 /imagine 指令生成葱油拌面广告的图片

图 10-34　生成第 1 张图的大图效果

10.5　汽车广告制作

汽车广告的设计要点包括：醒目的品牌标志、突出的商品特点、清晰的信息呈现、独特的视觉效果、简洁而有力的文字描述等。另外，汽车广告还需要使用高质量的图片和色彩搭配，以及注意版面设计的比例和平衡。

总之，汽车广告要能够吸引人的视线，并清晰地传达出营销信息，同时能够勾起消费者的购买欲望。下面就来介绍制作汽车广告的具体操作方法。

素材文件	无
效果文件	效果 \ 第 10 章 \10.5 汽车广告制作 .png
视频文件	视频 \ 第 10 章 \10.5 汽车广告制作 .mp4

【操练 + 视频】——汽车广告制作

STEP 01 通过 ChatGPT 获取商品的关键词，如在 ChatGPT 中输入关键词"请用 200 字左右描述某款汽车的外观特点"，ChatGPT 的回答如图 10-35 所示。

> 请用200字左右描述某款汽车的外观特点

> 这款汽车外观设计时尚动感，流线型车身展现出运动感和现代感。车身采用金属漆面，呈现出高光泽度和细腻质感。前脸设计独特，配备大尺寸进气格栅和锐利的LED大灯组，给人一种凌厉的气势。车身线条流畅而动感，侧面呈现出向后倾斜的姿态，凸显速度感。车窗采用黑色镀膜，增加了私密性和运动感。轮毂造型独特，通常为多辐式设计，兼顾出力量与稳定性。车尾部设计简洁，搭配流线型尾灯组，凸显出现代感和科技感。整体外观注重细节处理，如抛光装饰、镀铬饰条等，提升了豪华感和品质感。总之，这款汽车外观时尚精致，融合了运动和科技元素，令人眼前一亮。

图 10-35　使用 ChatGPT 生成关键词

STEP 02 从 ChatGPT 的回答中总结出相应的关键词（这款汽车采用金属漆面，前脸配备大尺寸进气格栅和 LED 大灯组，车身线条流畅而动感，侧面呈现向右倾斜的姿态，车窗采用黑色镀膜，轮毂为多辐式设计，车尾搭配流线型灯尾），并通过百度翻译转换为英文，如图 10-36 所示。

STEP 03 在百度翻译中，对商品关键词进行适当调整，让其更好地与其他关键词区分开，如图 10-37 所示。

图 10-36　将中文关键词翻译为英文

图 10-37　对商品关键词进行适当调整

STEP 04 在百度翻译中，加入模特的相关信息，如输入"一位穿西装的男士站在车前"，如图 10-38 所示。

图 10-38　加入模特的相关信息

STEP 05 在百度翻译中，补充其他的关键词，并输入色调、画面参数和图片风格对应的中文词汇，如图 10-39 所示。

图 10-39　补充其他的关键词

STEP 06 复制百度翻译中的英文词汇，在 Midjourney 窗口下面的输入框内输入 /，选择 / imagine 选项，在输入框中粘贴刚刚复制的英文词汇，并在粘贴的关键词的末尾添加画面尺寸的相关信息，如 --ar 3 : 4，设置画面的尺寸，如图 10-40 所示。

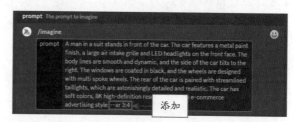

图 10-40　设置画面的尺寸

STEP 07 按 Enter 键确认，使用 /imagine 指令生成汽车广告的图片，如图 10-41 所示。

STEP 08 单击 U2 按钮，生成第 2 张图的大图效果，如图 10-42 所示。

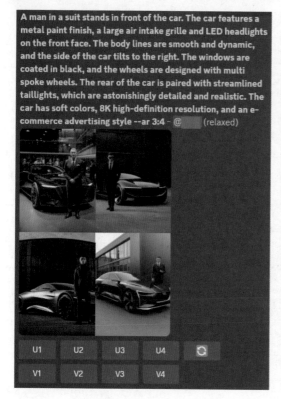

图 10-41　使用 /imagine 指令生成汽车广告的图片

图 10-42　生成第 2 张图的大图效果

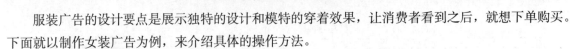

10.6 服装广告制作

服装广告的设计要点是展示独特的设计和模特的穿着效果，让消费者看到之后，就想下单购买。下面就以制作女装广告为例，来介绍具体的操作方法。

素材文件	无
效果文件	效果 \ 第 10 章 \10.6 服装广告制作 .png
视频文件	视频 \ 第 10 章 \10.6 服装广告制作 .mp4

【操练＋视频】
——服装广告制作

STEP 01 通过 ChatGPT 获取商品的关键词，如在 ChatGPT 中输入关键词"请用 150 字左右描述某件女装的外观特点"，ChatGPT 的回答如图 10-43 所示。

STEP 02 从 ChatGPT 的回答中总结出相应的关键词（这件女装外观设计简约时尚，采用轻柔的面料，剪裁合身，领口和袖口采用细致的装饰，色彩选择时尚经典），并通过百度翻译转换为英文，如图 10-44 所示。

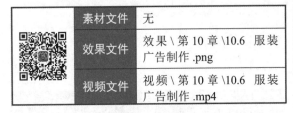

图 10-43 使用 ChatGPT 生成关键词

图 10-44 将中文关键词翻译为英文

STEP 03 在百度翻译中，对商品关键词进行适当调整，让其更好地与其他关键词区分开，如图 10-45 所示。

图 10-45 对商品关键词进行适当调整

STEP 04 在百度翻译中，加入模特的相关信息，如输入"一位凹凸有致的美丽女性穿上了这件女装"，如图 10-46 所示。

STEP 05 在百度翻译中，补充其他的关键词，并输入色调、画面参数和图片风格对应的中文词汇，如图 10-47 所示。

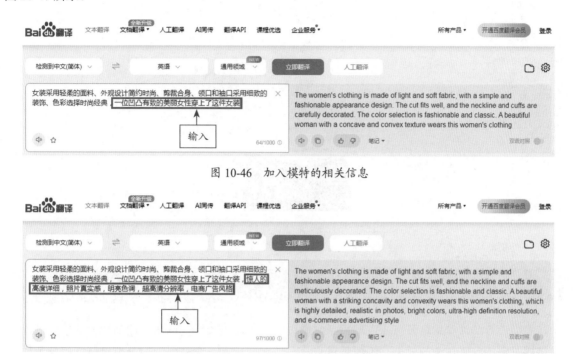

图 10-46　加入模特的相关信息

图 10-47　补充其他的关键词

STEP 06 复制百度翻译中的英文词汇，在 Midjourney 窗口下面的输入框内输入 /，选择 /imagine 选项，在输入框中粘贴刚刚复制的英文词汇，并在粘贴的关键词的末尾添加画面尺寸的相关信息，如 --ar 3：4，设置画面的尺寸，如图 10-48 所示。

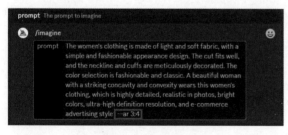

图 10-48　设置画面的尺寸

STEP 07 按 Enter 键确认，使用 /imagine 指令生成女装广告的图片，如图 10-49 所示。

STEP 08 单击 U3 按钮，生成第 3 张图的大图效果，如图 10-50 所示。

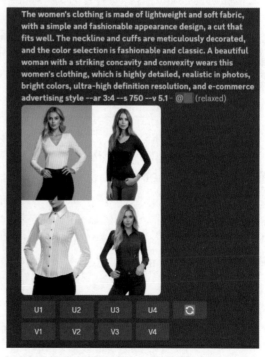

图 10-49　使用 /imagine 指令生成女装广告的图片

图 10-50　生成第 3 张图的大图效果

10.7　珠宝广告制作

　　珠宝广告的设计要点是突出珠宝的特点，通过广告创造出美感，从而勾起消费者下单的欲望。如果是展示模特穿戴珠宝的效果，则要将重点放在珠宝展示上，切忌因为过分突出模特而导致珠宝被人忽视。下面就以制作项链广告为例，来介绍具体的操作方法。

素材文件	无
效果文件	效果 \ 第 10 章 \10.7　珠宝广告制作 .png
视频文件	视频 \ 第 10 章 \10.7　珠宝广告制作 .mp4

【操练＋视频】
——珠宝广告制作

STEP 01 通过 ChatGPT 获取商品的关键词，如在 ChatGPT 中输入关键词"请用 150 字左右描述某款项链的外观特点"，ChatGPT 的回答如图 10-51 所示。

STEP 02 从 ChatGPT 的回答中总结出相应的关键词（这款项链外观精致高雅，采用优质的材料制成，链条设计精细，环节间呈现流畅的曲线，吊坠部分带有装饰，链条长度适中，注重细节处理），并通过百度翻译转换为英文，如图 10-52 所示。

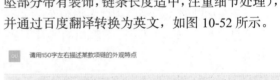

图 10-51　使用 ChatGPT 生成关键词

图 10-52　将中文关键词翻译为英文

STEP 03 在百度翻译中，对商品关键词进行适当调整，让其更好地与其他关键词区分开，如图 10-53 所示。

图 10-53　对商品关键词进行适当调整

STEP 04 在百度翻译中，加入模特的相关信息，如输入"一位脖颈白嫩的女士戴着这款项链"，如图 10-54 所示。

图 10-54　加入模特的相关信息

STEP 05 在百度翻译中，补充其他的关键词，并输入色调、画面参数和图片风格对应的中文词汇，如图 10-55 所示。

图 10-55　补充其他的关键词

STEP 06 复制百度翻译中的英文词汇，在 Midjourney 窗口下面的输入框内输入 /，选择 /imagine 选项，在输入框中粘贴刚刚复制的英文词汇，并在粘贴的关键词的末尾添加画面尺寸的相关信息，如 --ar 3：4，设置画面的尺寸，如图 10-56 所示。

图 10-56　设置画面的尺寸

STEP 07 按 Enter 键确认，使用 /imagine 指令生成项链广告的图片，如图 10-57 所示。

STEP 08 单击 U1 按钮，生成第 1 张图的大图效果，如图 10-58 所示。

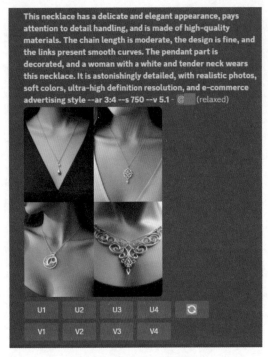

图 10-57　使用 /imagine 指令生成项链广告的图片

图 10-58　生成第 1 张图的大图效果

10.8　箱包广告制作

在制作箱包广告时，需要重点展示箱包的特点、细节和实用性，让消费者看到广告之后，觉得此箱包值得购买。下面就来介绍制作箱包广告的具体操作方法。

素材文件	无
效果文件	效果 \ 第 10 章 \10.8 箱包广告制作 .png
视频文件	视频 \ 第 10 章 \10.8 箱包广告制作 .mp4

【操练＋视频】
——箱包广告制作

STEP 01 通过 ChatGPT 获取商品的关键词，如在 ChatGPT 中输入关键词"请用 150 字左右描述某款箱包的外观特点"，ChatGPT 的回答如图 10-59 所示。

STEP 02 从 ChatGPT 的回答中总结出相应的关键词（这款箱包外观时尚典雅，采用耐用的材质制成，设计简洁大方，线条流畅，具有多个功能性细节，品牌标志或装饰细节采用金属或皮革材料，色彩搭配时尚大胆），并通过百度翻译转换为英文，如图 10-60 所示。

STEP 03 在百度翻译中，对商品关键词进行适当调整，让其更好地与其他关键词区分开，如图 10-61 所示。

图 10-59　使用 ChatGPT 生成关键词

图 10-60　将中文关键词翻译为英文

图 10-61　对商品关键词进行适当调整

STEP 04 在百度翻译中，加入模特的相关信息，如输入"一位少女拖着一个箱包"，如图 10-62 所示。

图 10-62　加入模特的相关信息

STEP 05 在百度翻译中，补充其他的关键词，并输入色调、画面参数和图片风格对应的中文词汇，如图 10-63 所示。

图 10-63　补充其他的关键词

STEP 06 复制百度翻译中的英文词汇，在 Midjourney 窗口下面的输入框内输入 /，选择 /imagine 选项，在输入框中粘贴刚刚复制的英文词汇，并在粘贴的关键词的末尾添加画面尺寸的相关信息，如 --ar 3：4，设置画面的尺寸，如图 10-64 所示。

图 10-64　设置画面的尺寸

STEP 07 按 Enter 键确认，使用 /imagine 指令生成箱包广告的图片，如图 10-65 所示。

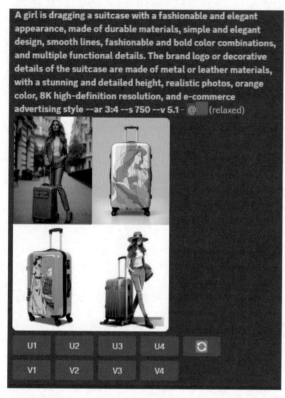

A girl is dragging a suitcase with a fashionable and elegant appearance, made of durable materials, simple and elegant design, smooth lines, fashionable and bold color combinations, and multiple functional details. The brand logo or decorative details of the suitcase are made of metal or leather materials, with a stunning and detailed height, realistic photos, orange color, 8K high-definition resolution, and e-commerce advertising style --ar 3:4 --s 750 --v 5.1 - @ (relaxed)

图 10-65　使用 /imagine 指令生成箱包广告的图片

STEP 08 单击 U4 按钮，生成第 1 张图的大图效果，如图 10-66 所示。

图 10-66　生成第 1 张图的大图效果

▶ 温馨提示

　　有时 Midjourney 会选择输入的部分关键词来进行绘画，因此有可能出现虽然添加了模特信息，但是却没有绘制模特的情况。对于这种情况，用户可以选择用同样的关键词生成多个图片，并从中选择带有模特信息的图片；也可以将模特的相关关键词放置在最前方，这样模特的信息会更容易被 Midjourney 选择。

10.9 美妆广告制作

　　在制作美妆广告时，应该重点展示商品的外观和模特使用商品后的效果，让消费者看到效果之后坚定购买的信心。下面就以制作口红广告为例来介绍具体的操作方法。

素材文件	无
效果文件	效果 \ 第 10 章 \10.9 美妆广告制作 .png
视频文件	视频 \ 第 10 章 \10.9 美妆广告制作 .mp4

【操练＋视频】
——美妆广告制作

STEP 01 通过 ChatGPT 获取商品的关键词，如在

ChatGPT 中输入关键词"请用 200 字左右描述某款口红的外观特点"，ChatGPT 的回答如图 10-67 所示。

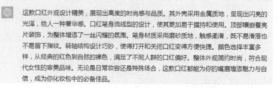

请用200字左右描述某款口红的外观特点

这款口红外观设计精美，展现出高度的时尚感与品质。其外壳采用金属质地，呈现出闪亮的光泽，给人一种奢华感。口红笔身为流线型的设计，使其更加易于握持和使用。顶部镶嵌着亮片装饰，为整体增添了一丝闪耀的氛围。笔身材质采用磨砂质地，触感柔滑，既不易滑落也不易留下指纹。转轴结构设计巧妙，使得打开和关闭口红变得方便快捷。颜色选择丰富多样，从经典的红色到自然的裸色，满足了不同人群的口红偏好。整体外观简约时尚，符合现代女性的审美品味。无论是日常妆容还是特殊场合，这款口红都能为你的嘴唇增添魅力与自信，成为你化妆包中的必备佳品。

图 10-67　使用 ChatGPT 生成关键词

STEP 02 从 ChatGPT 的回答中总结出相应的关键词（这款口红设计精美，外壳采用金属质地，口红笔身采用流线型设计，顶部镶嵌着亮片装饰，笔身采用磨砂质地，转轴结构设计巧妙，颜色选择丰富多样），并通过百度翻译转换为英文，如图 10-68 所示。

图 10-68　将中文关键词翻译为英文

STEP 03 在百度翻译中，对商品关键词进行适当调整，让其更好地与其他关键词区分开，如图 10-69 所示。

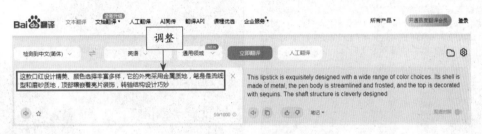

图 10-69　对商品关键词进行适当调整

STEP 04 在百度翻译中，加入模特的相关信息，如输入"一位优雅的女士手里拿着口红"，如图 10-70 所示。

图 10-70　加入模特的相关信息

STEP 05 在百度翻译中，补充其他的关键词，并输入色调、画面参数和图片风格对应的中文词汇，如图 10-71 所示。

图 10-71　补充其他的关键词

STEP 06 复制百度翻译中的英文词汇，在 Midjourney 窗口下面的输入框内输入 /，选择 /imagine 选项，在输入框中粘贴刚刚复制的英文词汇，并在粘贴的关键词的末尾添加画面尺寸的相关信息，如 --ar 3：4，设置画面的尺寸，如图 10-72 所示。

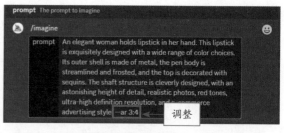

图 10-72　设置画面的尺寸

STEP 07 按 Enter 键确认，使用 /imagine 指令生成口红广告的图片，如图 10-73 所示。

STEP 08 单击 U3 按钮，生成第 3 张图的大图效果，如图 10-74 所示。

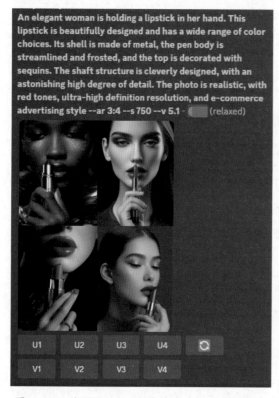

图 10-73　使用 /imagine 指令生成口红广告的图片

图 10-74　生成第 3 张图的大图效果

10.10　母婴广告制作

在制作母婴广告时，可能不太方便直接展示孩子使用商品的场景，对此可以转换思路，从孩子父母的角度来呈现商品。下面就以制作奶瓶广告为例来介绍具体的操作方法。

	素材文件	无
	效果文件	效果 \ 第 10 章 \10.10 母婴广告制作 .png
	视频文件	视频 \ 第 10 章 \10.10 母婴广告制作 .mp4

【操练＋视频】
——母婴广告制作

STEP 01 通过 ChatGPT 获取商品的关键词，如在 ChatGPT 中输入关键词"请用 150 字左右描述某款奶瓶的外观特点"，ChatGPT 的回答如图 10-75 所示。

STEP 02 从 ChatGPT 的回答中总结出相应的关键词（这款奶瓶外观简洁而实用，它采用透明的玻璃材质，奶瓶设计成宽口径，瓶身柔滑细腻，瓶盖采用可靠的密封设计，奶瓶配备了柔软的乳头，

没有过多的花纹和装饰），并通过百度翻译转换为英文，如图 10-76 所示。

图 10-75　使用 ChatGPT 生成关键词

图 10-76　将中文关键词翻译为英文

STEP 03 在百度翻译中，对商品关键词进行适当调整，让其更好地与其他关键词区分开，如图 10-77 所示。

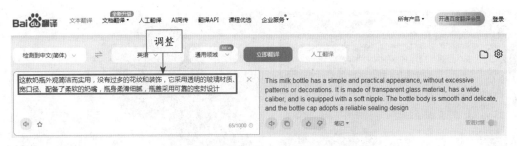

图 10-77　对商品关键词进行适当调整

STEP 04 在百度翻译中，加入模特的相关信息，如输入"一位年轻妈妈手上拿着一个奶瓶"，如图 10-78 所示。

图 10-78　加入模特的相关信息

STEP 05 在百度翻译中，补充其他的关键词，并输入色调、画面参数和图片风格对应的中文词汇，如图 10-79 所示。

图 10-79 补充其他的关键词

STEP 06 复制百度翻译中的英文词汇，在 Midjourney 窗口下面的输入框内输入 /，选择 /imagine 选项，在输入框中粘贴刚刚复制的英文词汇，并在粘贴的关键词的末尾添加画面尺寸的相关信息，如 --ar 3∶4，设置画面的尺寸，如图 10-80 所示。

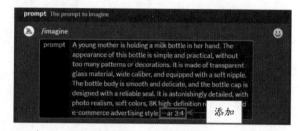

图 10-80 设置画面的尺寸

STEP 07 按 Enter 键确认，使用 /imagine 指令生成奶瓶广告的图片，如图 10-81 所示。

STEP 08 单击 U1 按钮，生成第 1 张图的大图效果，如图 10-82 所示。

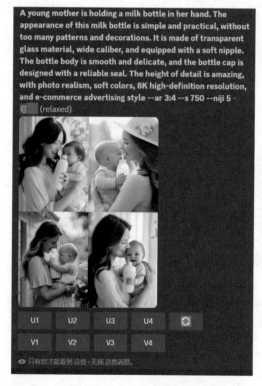

图 10-81 使用 /imagine 指令生成奶瓶广告的图片

图 10-82 生成第 1 张图的大图效果